动植物基因工程实验指导

向太和　曾章慧　俞志明　陈　晶　盛东来　黄小平　编著

中国农业出版社

北　京

　　随着分子水平各项研究技术的发展，基因工程学已成为现代生物学重要的基础性学科。基因工程操作不但在生物基因功能的验证、品质的改良等方面是必不可少的一项技术，而且在传统的进化和分类等学科中也被大量使用。

　　基因工程实验课程，是生物技术、生物科学等相关专业的重要实验性课程，杭州师范大学将该课程作为生物技术或生物科学专业的必修或选修课程。在教学实践中，我们深切感受到，要讲好基因工程实验课程，有两点非常重要：首先，授课教师必须精通基因工程操作技术，乃至是该领域的专家，正如俗话所说的"给人一杯水，自己必须要有一桶水"；其次，需要有一本适合授课教师使用的操作指导教材。

　　对于该课程，虽然目前已有相关的教材，但我们在基因工程实验的教学实践中仍然遇到了一些问题和困惑：如何避免基因工程实验与分子生物学实验，甚至是生物化学实验和遗传学实验课程的重叠和重复？此外，授课教师的科研经历和专业背景也存在巨大差异，有的授课教师是植物学背景，更擅长植物方面的基因工程操作；而有的教师是动物学背景，更擅长动物方面的基因工程操作。因此，亟须一本既适合具有不同实验条件、不同专业背景的授课教师授课，又有利于学生按照相关指导进行实验操作的普适性教材。另外，如何获得基因？如何转入外源基因？如何证明转基因是否成功？是基因工程操作的三部曲。本实验指导的框架组织是综合考量到以上因素，从而将基因工程实验操作指导分为植物篇和动物篇两部分。具体来说，植物转基因部分包括了双子叶模式植物拟南芥经典的浸花法转基因、单子叶农作物大麦根癌农杆菌介导的转基因以及药用植物三叶青发根农杆菌介导的转基因，动物转基因部分包括了动物培养细胞的转基因和模式动物斑马鱼的转基因，各为一章，每章又分成若干个系列实验。

本实验指导的出版得到国家自然科学基金项目（No. 31872181）、浙江省自然科学基金项目（No. LY22C090003）、杭州市科技计划引导项目（No. 20211231Y088）、杭州师范大学科研启动基金项目（No. 2021QDL058 和 No. 2021QDL062）和杭州师范大学生物技术省一流专业建设经费的共同资助。

本实验指导由向太和教授组织杭州师范大学在植物基因工程和动物基因工程领域颇有建树的年轻博士共同编写而成。其中，第一章由俞志明副教授编写，第二章由曾章慧博士编写，第三章由向太和教授和黄小平博士编写，第四章由陈晶博士编写，第五章由盛东来博士编写，最后由向太和教授统稿，研究生黄金鑫、贺宸靖、李建建和江洁等同学参与整理和校对工作。本实验指导是编者对近20年的基因工程实验教学过程的归纳和总结。我们期望能对现有的教材做个补充；同时，也真诚地希望各位读者在使用过程中对发现的问题给予指正并提出宝贵的建议。

本实验指导适合生物技术、生物科学、基础医学、生物医药等专业方向的本科生、研究生以及相关科研人员使用。

编　者

2022 年 8 月于杭州师范大学

仓前校区慎园

CONTENTS
目录

01

植 物 篇

第一章　拟南芥功能基因的克隆以及浸花法转基因

第一节　拟南芥转录因子 bHLH 基因克隆系列实验

一、实验目的

1. 学习掌握采用 Trizol 法提取拟南芥根部总 RNA，利用微量紫外分光光度计测定提取 RNA 的浓度，再通过琼脂糖凝胶电泳检测所提取 RNA 的完整性。

2. 学习掌握利用 RT-PCR 技术克隆拟南芥根毛中属于 bHLH 转录因子、具有正调控的 *RSL4* 基因。

3. 学习采用酶切-连接法，构建以 pCAMBIA1300 为骨架载体的转基因表达载体 pCAMBIA1300/*35S*∷*AtRSL4*∶*GFP*（组成型高表达启动子 35S 驱动 *RSL4* 与 *GFP* 基因融合表达）。

二、实验原理

bHLH（basic helix-loop-helix）是植物的第二大转录因子家族，它们可以形成同源或异源二聚体。通过共同基序预测拟南芥有 147 个成员，归为 21 个亚家族；也有报道称拟南芥的 bHLH 有 133 个成员，其中 113 个能被检测到。整合以上二者的数据并进一步分析后认为，拟南芥有 162 个成员。利用十字花科 18 种代表植物替换早先的 9 种代表植物，再进行序列比对分析后发现，拟南芥中含有 225 个 bHLH 转录因子成员。与动物 bHLH 相比，植物 bHLH 是由 B 类祖先进化而来，拟南芥 bHLH 分成 12 个亚家族。

bHLH 由两个不同的功能域组成：氨基端（N 端）为约 15 个碱性氨基酸残基组成的 DNA 结合结构域，识别并结合 DNA 核心基序 E-box（5′-CANNTG-3′）（图 1-1A）和 G-box（5′-CACGTG-3′）（图 1-1B），典型的碱性区内含有极保守的 HER 元件（His^{5th}-Glu^{9th}-Arg^{13rd}）；羧基端（C 端）是由疏水氨基酸残基组成的 HLH 区域（helix-loop-helix），是形成同源或异源二聚体的亲和结构域。其中，两个 α-螺旋被一个长度可变的环状结构分隔。

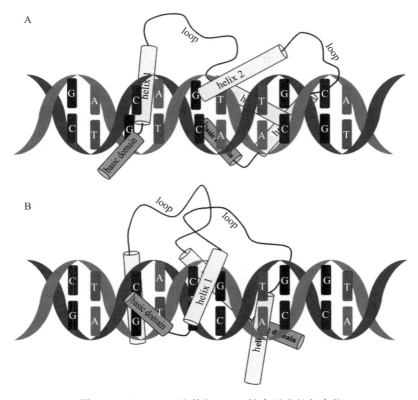

图 1-1　bHLH 二聚体与 DNA 结合形成的复合物

A. bHLH 二聚体识别并结合 E-box（5′-CANNTG-3′）　B. bHLH 二聚体识别并结合 G-box（5′-CACGTG-3′）

　　本实验使用 Trizol 法提取总 RNA。Trizol 内的异硫氰酸胍（guanidinium isothiocyanate，GITC）（图 1-2）能迅速破碎细胞，同时使核蛋白复合体中的蛋白质变性并释放出核酸。由于释放出的 DNA 和 RNA 在特定 pH 下的溶解度不同，且分别位于中间相和水相，从而使 DNA 和 RNA 得到分离，取出水相后，通过有机溶剂（氯仿）抽提及异丙醇沉淀，即可得到纯净的总 RNA。

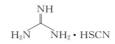

图 1-2　异硫氰酸胍的分子结构式

　　逆转录（reverse transcription）是以 RNA 为模板，通过依赖 RNA 的

DNA 聚合酶（又称逆转录酶，reverse transcriptase），利用三磷酸脱氧核苷酸合成与 RNA 互补的 DNA 链（cDNA）的过程。以逆转录获得的 cDNA 为模板，通过 PCR 可获取属于 bHLH 转录因子的 *RSL4* 基因。

三、实验课时安排

本系列实验包括：①不含抗生素的 1/2 MS 培养基配制，拟南芥种子消毒，拟南芥根的 RNA 提取（1 学时）；②第一链 cDNA 的合成及目标基因的 PCR 扩增和分析（2 学时）；③常规酶切-连接方法构建载体（3 学时）。共安排 3 次实验，合计 6 学时。

四、实验材料和试剂

1. 实验材料

pCAMBIA1300/35S：*GFP* 质粒载体（自备）、拟南芥野生型生态型 Col - 0（自备）、大肠杆菌 DH5α 感受态细胞（全式金公司，CD201 - 01）、泥炭藓（Lvtian/绿田国际，45 kg）。

2. 试剂

Trizol 试剂（Thermo Fisher Scientific，1559602）、琼脂糖（BIOWEST，Regular Agarose G - 10，100 g，111860）、TAE 缓冲液（Thermo Fisher Scientific，AM9869）、6×Loading Buffer（Takara，9156）、苯酚、异戊醇、氯仿（国药沪试，10006862）、异丙醇（国药沪试，40064360）、醋酸钠、70%乙醇（国药沪试，80176961）、无水乙醇（国药沪试，80059462）、RNase - free 水（Takara，9012）、溴化乙锭（EB；Thermo Fisher Scientific，15585011）、DEPC 水（生工，B501005）、Moloney Murine Leukemia Virus 逆转录酶（M - MuLV，M - MLV；NEB，M0253S）、RNase 抑制剂（NEB，M0307S）、dNTP［Takara，4019（均为 10 mmol/L）、4030（均为 2.5 mmol/L）］、蛋白胨（生工，A505247）、酵母提取物（生工，A515245）、氯化钠（生工，A501218）、质粒小提试剂盒（Magen，P1001C）、核酸纯化试剂盒（Magen，D2110）、*Kpn* I（NEB，♯R3142S）、*Xba* I（NEB，♯R0145S）、T4 连接酶（Takara，2011A）、Oligo dT（18nt）（北京擎科生物）、液氮（杭州今工特种气体有限公司）、硫酸卡那霉素（生工，A506636）、凝胶回收试剂盒、冰、逆转录酶对应 RT 5×Buffer、MgCl$_2$（20 mmol/L）、10×缓冲液、DNA 模板（10～300 ng/μL）、上游引物（10 μmol/L）、下游引物（10 μmol/L）、DNA 聚合酶、无菌水、乙酸钠、无抗 LB 或 SOC 培养基、80%甘油（无菌）等。

五、实验用具与仪器设备

1. 实验用具

PCR 管，冰盒，量筒，药匙，称量纸，1.5 mL RNase - free 离心管（Axygen，MCT - 150 - C），20 μL、200 μL、1 000 μL RNase - free 吸头（Axygen，T - 400，T - 200 - Y，T - 1000 - B），一次性塑料培养皿（海门，90 mm×20 mm），一次性 PE 手套（海门），乳胶手套（米思米一次性丁腈手套），口罩，抽纸，研钵，封口膜（Parafilm，PM992），研钵（思齐，直径 90 mm），250 mL 玻璃三角瓶（蜀牛，1121）等。

2. 仪器设备

全自动样品快速研磨仪（上海净信，JXFSTPRP - 64L）、低温高速离心机（Eppendorf Refrigerated Centrifuge，5424R）、Bio - Rad 凝胶成像系统及检测器（ChemiDoc™ MP System，♯1708280）、制冰机（万利多，QD0212A）、−80 ℃低温冰箱（Thermo Scientific™ Forma™ 88000 Series −86 ℃ Upright Ultra - Low Temperature Freezers）、移液器（Eppendorf，Gilson 各个型号）、紫外分光光度计（NanoDrop 2000，Thermo Fisher）、分光光度计（Bio - Rad，SmartSpec Plus）、真空离心机（Eppendorf，Vacufuge® Plus）、电子天平（Mettler Toledo，Balance XSR4001S）、恒温摇床（上海博迅，BSD - TF370）、生化培养箱（上海一恒，LRH - 70F）、生物安全柜（Thermo Scientific，1300 系列 A2）、拟南芥培养箱（宁波扬辉，NNJ - 1500）、PCR 仪、恒温水浴锅、微波炉等。

六、实验操作步骤

1. 引物设计

通过拟南芥信息资源数据库（The *Arabidopsis* Information Resource，简称 TAIR），获得对拟南芥根毛伸长具有正调控作用的 bHLH 基因 *AtRSL4*（AT1G27740）的序列信息（https://www.arabidopsis.org/）。*AtRSL4*（AT1G27740）只有一个转录本，编码 259 个氨基酸（CDS 为 777 bp），编码框的序列如下所示：

1-**ATG**GACGTTTTTGTTGATGGTGAATTGGAGTCTCTCTTGGGGATGTTCAA-50

51-CTTTGATCAATGTTCATCATCTAAAGAGGAGAGACCGCGAGACGAGTTGC-100

101-TTGGCCTCTCTAGCCTTTACAATGGTCATCTTCATCAACATCAACACCAT-150

151-AACAATGTCTTATCTTCTGATCATCATGCTTTCTTGCTCCCTGATATGTT-200
201-CCCATTTGGTGCAATGCCGGGAGGAAATCTTCCGGCCATGCTTGATTCTT-250
251-GGGATCAAAGTCATCACCTCCAAGAAACGTCTTCTCTTAAGAGGAAACTA-300
301-CTTGACGTGGAGAATCTATGCAAAACTAACTCTAACTGTGACGTCACAAG-350
351-ACAAGAGCTTGCGAAATCCAAGAAAAAACAGAGGGTAAGCTCGGAAAGCA-400
401-ATACAGTTGACGAGAGCAACACTAATTGGGTAGATGGTCAGAGTTTAAGC-450
451-AACAGTTCAGATGATGAGA AAGCTT CGGTCACAAGTGTTAAAGGCAAAAC-500
501-TAGAGCCACCAAAGGGACAGCCACTGATCCTCAAAGCCTTTATGCTCGGA-550
551-AACGAAGAGAGAAGATTAACGAAAGGCTCAAGACACTACAAAACCTTGTG-600
601-CCAAACGGGACAAAAGTCGATATAAGCACGATGCTTGAAGAAGCGGTCCA-650
651-TTACGTGAAGTTCTTGCAGCTTCAGATTAAGTTGTTGAGCTCGGATGATC-700
701-TATGGATGTACGCACCATTGGCTTACAACGGCCTGGACATGGGGTTCCAT-750
751-CACAACCTTTTGTCTCGGCTTATG**TGA**-777

根据 pCAMBIA1300/35S：*GFP* 载体（图 1 - 3）中可选用的酶切位点，对 AT1G27740 的 CDS 序列用 Lasergene 软件的 SeqBuilder 程序分析得知，位

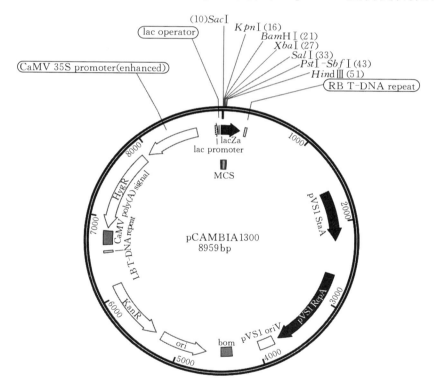

图 1 - 3　pCAMBIA1300 载体

注：pCAMBIA1300 表达载体含有 35S 启动子驱动 *Hyg* 基因表达。为了使 *RSL4* 基因更容易被检测，本实验采用的是改造后的 pCAMBIA1300/35S：*GFP* 载体，即：在 pCAMBIA1300 的基础上，增加 35S 启动子及 *GFP* 基因；而在 35S 启动子及 *GFP* 基因之间，仍然保留 *Kpn* Ⅰ、*Bam*HⅠ、*Xba* Ⅰ、*Sal* Ⅰ、*Pst* Ⅰ、*Hind*Ⅲ等酶切位点。

于 470～475 bp 位置有一个 *Hind*Ⅲ 的酶切识别位点（上文方框显示的序列），而 *Kpn*Ⅰ、*Bam*HⅠ、*Xba*Ⅰ、*Sal*Ⅰ、*Pst*Ⅰ 等酶切位点则均可用。

根据在线 T_m 值计算网站（https://tmcalculator.neb.com/#!/main），设计引物的 T_m 为 60 ℃，退火温度为 55 ℃，为了能与表达载体上的 *GFP* 基因融合表达，去除终止密码子（选定的酶切位点，没有使 *GFP* 的编码框序列移码）。

用于构建 pCAMBIA1300/35S::*AtRSL4*:*GFP* 载体的引物序列（777 bp）：

AtRSL4（*Kpn*Ⅰ）-F：5'- cgg<u>GGTACC</u>ATGGACGTTTTTGTTGATG-GTGAATTGG - 3'，下划线是 *Kpn*Ⅰ 的酶切识别序列。

AtRSL4（*Xba*Ⅰ）-R：5'- tgc<u>TCTAGA</u>CATAAGCCGAGACAAAAG-GTTGTGATG - 3'，下划线是 *Xba*Ⅰ 的酶切识别序列。

2. RNA 提取

本实验采用 Trizol 法提取拟南芥根部的 RNA，具体流程如下所示：

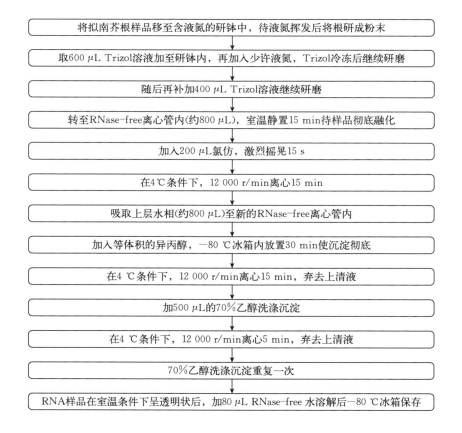

3. RNA 的浓度测定及电泳分析

取 2 μL 提取的拟南芥根总 RNA，用微量紫外分光光度计（NanoDrop 2000，Thermo Fisher）测定 RNA 的浓度及相关参数（OD_{260}/OD_{230} 及 OD_{260}/OD_{280}）。

称取琼脂糖凝胶粉末 1.00 g，倒入玻璃三角瓶内，加入 100 mL TAE 缓冲液，在微波炉内煮沸后取出并摇匀，重复 3 次；取出三角瓶后，用自来水冲洗三角瓶外壁 15 s，使其快速冷却，加入 10 μL EB 染液（浓度为 10 mg/mL），摇匀后，倒入制胶平板，待室温放置 30 min 后，即成为 1% 的琼脂糖凝胶。

再取 2 μL 提取的拟南芥根总 RNA，加入 18 μL RNase - free 水，再加入 4 μL 上样缓冲液（6×Loading Buffer）吹打均匀后，加入凝胶孔内进行电泳检测。

4. RT - PCR

将未降解的拟南芥根总 RNA 进行逆转录变为 cDNA，并以 cDNA 链为模板进行 PCR 扩增，克隆拟南芥转录因子 bHLH 基因 *RSL4*（*ROOT HAIR DEFECTIVE SIX - LIKE 4*），*RSL4* 对根毛伸长具有正调控作用。

逆转录的流程如下：

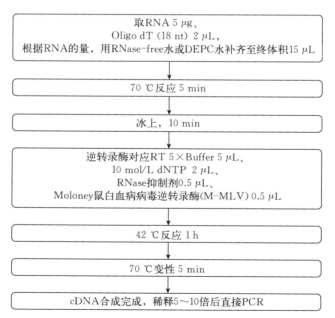

以新合成的 cDNA 为模板进行 PCR 扩增。PCR 反应体系见表 1-1。通常情况下，为了获得较多的 PCR 产物，常重复 5～10 个 PCR 反应体系。

表1-1　PCR反应体系（20 μL）

样品名称	加样量
MgCl$_2$（20 mmol/L）	2 μL
10倍缓冲液	2 μL
DNA模板（10～300 ng/μL）	1 μL
dNTP（2.5 mmol/L）	2 μL
上游引物（10 μmol/L）	0.5 μL
下游引物（10 μmol/L）	0.5 μL
DNA聚合酶	1 μL
无菌水	补至总体积为20 μL

PCR反应结束后，通过琼脂糖凝胶电泳检测PCR产物条带是否单一，且大小是否正确。用手术刀片割取琼脂糖凝胶中对应大小的条带（约787 bp）。

利用凝胶回收试剂盒对目标片段进行回收，具体步骤如下：

① 在紫外灯下，快速切下含有目的DNA片段的凝胶，尽可能去除多余的凝胶。

② 称取凝胶块的重量，并转移至2 mL离心管中。按照100 mg凝胶块相当于100 μL体积计算，加入2倍体积的Buffer GDP。50～55 ℃水浴7～10 min，让凝胶块完全溶解。水浴期间，颠倒混匀2次，可加速溶胶。

③ 短暂离心收集管上的液滴。将HiPure DNA Micro Column套在2 mL离心管中。每个管子最多加入700 μL溶胶液至柱子中。8 000 r/min离心30～60 s。

④ ［可选：溶胶液超过700 μL］倒弃滤液，把柱子套回2 mL离心管中。将剩余的溶胶液转移至柱子中。8 000 r/min离心30～60 s。

⑤ 倒弃滤液，把柱子套回2 mL离心管中。加入150 μL Buffer GDP至柱子中。静置1 min。8 000 r/min离心30～60 s。

⑥ 倒弃滤液，把柱子套回2 mL离心管中。加入500 μL Buffer DW2（已用无水乙醇稀释）至柱子中。8 000 r/min离心30～60 s。

⑦ ［可选］倒弃滤液，把柱子套回2 mL离心管中。加入500 μL Buffer DW2（已用无水乙醇稀释）至柱子中。8 000 r/min离心30～60 s。

⑧ 倒弃滤液，把柱子套回2 mL离心管中。10 000 r/min离心2 min。

对某些敏感应用（需将大部分洗脱液加入连接反应液时）：打开柱子的盖子，空气干燥5 min以后可彻底去除乙醇。

⑨ 把柱子套在 2 mL 离心管中，加入 30～50 μL Elution Buffer 至柱子膜中央。放置 2 min。10 000 r/min 离心 1 min。弃去柱子，DNA 于－20 ℃保存。

5. 酶切反应

本实验选用的 *Kpn* I 及 *Xba* I 酶切反应最佳温度均是 37 ℃，酶切时间为 1 h。酶切产物加入等体积的苯酚/氯仿/异戊醇（25∶24∶1）及 1/10 体积的 3 mol/L乙酸钠沉淀，得到纯化的酶切产物。

空载体质粒 pCAMBIA1300/35S∶*GFP* 也采用相同的酶切条件与回收方法，得到线性化的质粒。

6. 连接反应

线性化的质粒与 PCR 产物目标条带按照物质的量比 1∶（3～10）配制连接反应体系（1 μL 10×T4 连接酶 Buffer、1 μL T4 DNA 连接酶、线性化质粒、PCR 酶切回收产物以及 H_2O 共 8 μL），连接反应的条件是：16 ℃，1 h。

7. 热激转化

① 从－80 ℃冰箱中取出大肠杆菌感受态细胞（DH5α）并在冰上融化。

② 将 10 μL 连接产物加入已经融化的感受态细胞内。

③ 插入冰内，共保持 30 min。

④ 放入金属浴或水浴锅内，42 ℃热激 90 s。

⑤ 加入 500 μL 无抗 LB 或 SOC 培养基，37 ℃摇床 200 r/min 恢复培养 1 h。

⑥ 4 000 r/min 离心 2 min，弃去上清液后，用 200 mL 吸头吹打均匀。

⑦ 用无菌不锈钢珠（直径 3～4 mm）滚动涂布 LB 培养基平板（卡那霉素 50 mg/L）。

⑧ 倒置放入 37 ℃细菌培养箱，培养 16～18 h。

LB 培养基成分见表 1－2。

表 1－2　LB 培养基配方（1 L，pH＝7.0）

组　　分	用量（g）
蛋白胨	10
酵母提取物	5
氯化钠（NaCl）	10
（可选）琼脂糖	12

8. 重组子克隆挑选

待平板上能观察到大肠杆菌的单克隆菌落后，即说明转化实验是成功的。

利用 20 μL 无菌吸头，在菌落上挑取单菌落，然后将吸头在无菌水（10 μL）内吹打多次，取 2 μL，作为克隆 PCR 检测用的模板。剩余 8 μL 转接到含 200 μL LB 培养液（含卡那霉素 50 mg/L）的 96 孔无菌 PCR 板内，盖上封口膜，放置在 37 ℃细菌培养箱内静置培养。

PCR 扩增结束后，若电泳检测条带大小为 500 bp，则说明是正确的重组子。

PCR 鉴定为阳性的克隆，即可将对应克隆的 LB 培养液转至 15 mL 离心管内继续培养 5～8 h。

9. 大肠杆菌保菌

取 800 μL 已经摇浓的菌（OD_{600}＞2.0），加至 1.5 mL 无菌离心管内，再取 200 μL 无菌的 80％甘油，用 1 000 μL 吸头充分吹打均匀，转至−80 ℃冰箱内保存。

10. 克隆 PCR

为了更加准确筛选到阳性的克隆，设计的克隆 PCR 引物，其中一条引物在 *RSL4* 基因序列内，另一条引物在 *GFP* 基因序列内，引物序列如下：

筛选引物-F（500 bp）：5′-GGGACAGCCACTGATCCT-3′。

筛选引物-R（500 bp）：5′-CGCTTCATGTGGTCCGGGT-3′。

11. 质粒提取

采用质粒提取试剂盒提取质粒，步骤如下：

① 收集含有 pCAMBIA1300/35S∷*AtRSL4*∶*GFP* 质粒的菌液 5 mL。

② 10 000 r/min 离心 1 min，弃去上清液。

③ 加入 300 μL Buffer P1 Plus（使用前，加入 RNase A），涡旋重悬细菌。

④ 往重悬液中加入 300 μL Buffer P2 Plus，轻轻颠倒离心管 2～3 次。

⑤ 加入 10 μL Magen Protease 至裂解液中，颠倒混匀 5～10 次。室温静置 10 min，其间颠倒混匀 3～5 次。

⑥ 加入 420 μL Buffer P3，立即颠倒 10～15 次让溶液彻底中和。

⑦ 13 000 r/min 离心 10 min。

⑧ 将离心柱放在 2 mL 收集管内，将上清液转入柱子后，静置 1 min，8 000 r/min 离心 30～60 s。

⑨ 弃去上清液，把柱子套回收集管中，加入 500 μL Buffer PW1 至柱子中，静置 5 min，8 000 r/min 离心 30～60 s。

⑩ 弃去上清液，把柱子套回收集管中，加入 650 μL Buffer PW2（已用无水乙醇稀释）至柱子中，8 000 r/min 离心 30～60 s。

⑪ 弃去上清液，把柱子套回收集管中，加入 650 μL Buffer PW2（已用无水乙醇稀释）至柱子中，静置 5 min，8 000 r/min 离心 30~60 s。

⑫ 弃去上清液，把柱子套回收集管中，13 000 r/min 离心 1 min，干燥柱子去除乙醇。

⑬ 将柱子套至灭菌处理的 1.5 mL 离心管内，加入 30~50 μL Buffer TE 或灭菌水至柱子的膜中央。静置 1 min，13 000 r/min 离心 1 min 洗脱 DNA。

⑭ 弃去柱子，质粒测定浓度后，送公司测序验证，并保存于−80 ℃冰箱内。

12. 质粒测序验证

如果质粒浓度大于 100 ng/μL，则不需要浓缩，可以直接取 10 μL 送测序验证；如果浓度小于 100 ng/μL，则适当浓缩后（终浓度不小于 50 ng/μL），再送测。

测序验证正确的质粒，即表示载体构建完成。

七、预期实验结果

图 1-4 拟南芥无菌苗

在 1/2 MS 培养基上，进行拟南芥的无菌苗培养，培养 10 d 后的苗表型如图 1-4 所示。

按照 RNA 提取的操作步骤，提取总 RNA，并用微量核酸分光光度计测定 RNA 相关的参数。根据 Nanodrop 2000 测定的结果，判断 RNA 的浓度及其质量。通过 OD_{260}/OD_{230} 及 OD_{260}/OD_{280} 的值，可得知 RNA 样品的质量。通常 OD_{260}/OD_{230} 表示样品中无机盐等杂质的含量，OD_{260}/OD_{280} 则表示样品中蛋白质的含量。

测得 RNA 的浓度为 91.6 ng/μL，$OD_{260}/OD_{230} = 1.97$，$OD_{260}/OD_{280} = 2.05$（图 1-5），此 RNA 样品的质量在最佳范围内，可以进行逆转录实验。

为了更好地检测 RNA 的完整性，取 5 μL RNA 样品进行电泳检测。电泳结果如图 1-6 所示。其中，两个样品，一个已经降解，电泳结果呈现弥散的状态；而另一个样品 28S RNA 与 18S RNA 条带均完整，且 28S 条带的亮度是 18S 条带亮度的近两倍，说明该 RNA 无降解，为后续逆转录实验的顺利开展提供了保证。

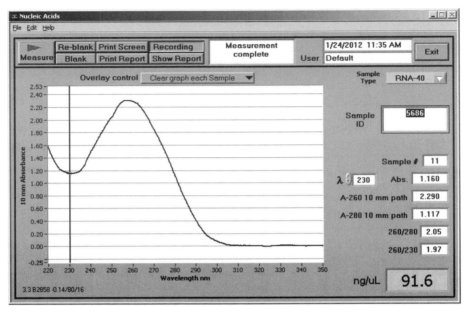

图 1-5　RNA 浓度检测峰形图

按照逆转录流程进行逆转录后，将得到的 cDNA 稀释 10 倍后进行 PCR 操作。多余的样品分装到 10 μL 管子内，放入−80 ℃冰箱内保存。

得到的 PCR 产物进行电泳检测（图 1-7），电泳目标条带利用凝胶回收试剂盒回收，回收产物及 pCAMBIA1300/35S：GFP 质粒 DNA 分别用 KpnⅠ和 XbaⅠ内切酶进行双酶切。

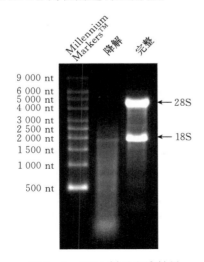

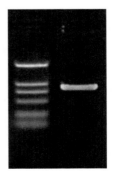

图 1-6　RNA 样品电泳结果　　图 1-7　AtRSL4 基因的 PCR 电泳条带

连接产物热激转化至大肠杆菌 DH5α 感受态细胞，培养过夜后，挑取单克隆菌落，并进行菌落 PCR，结果如图 1-8 所示。

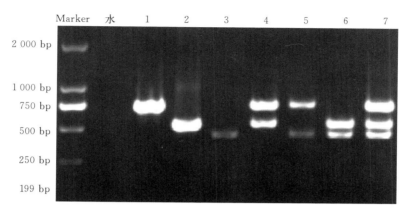

图 1-8 阳性克隆筛选

克隆筛选引物的目标产物大小为 500 bp，由此判断，在图 1-8 的 7 个克隆中，只有 2 号克隆的条带大小是正确的。因此挑选 2 号克隆继续进行接下来的保菌、质粒提取及测序验证等相关实验。

! 注意事项

1. RNA 提取过程

植物组织内含有大量的 RNase，因此植物生长状态是否健康，以及提取过程是否在低温的条件下进行，对 RNA 提取的质量影响非常大。

2. OD 值的计算

在 260 nm 下，1 OD 对应的双链 DNA 的浓度为 50 ng/μL，1 OD 对应的单链 DNA 的浓度为 20~33 ng/μL，1 OD 对应的双链 RNA 的浓度为 40 ng/μL。

纯 DNA 或 RNA 样品的 OD_{260}/OD_{280} 为 1.8~2.0，如果样品被蛋白质或酚类等污染，比值会显著降低，测得的核酸含量也不准确。

3. 熔解温度（melting temperature，T_m）

引物鸟嘌呤（G）或胞嘧啶（C）的含量常控制在 40%~60%。两条引物的熔解温度通常要保持接近，根据引物的（G+C）含量（引物中 G 和 C 的数量占总碱基数的百分比），可以利用以下公式，大致计算出 T_m 值：

$$T_m = [4 (G+C)\% + 2 (A+T)\%]\ ℃$$

4. 离液剂（chaotropic agent）

离液剂是在核酸提取过程中使蛋白质与核酸变性的有机溶剂。它可以破坏水分子之间的氢键网络（即发挥离液活性）。减弱疏水作用后，非极性基团的相互作用最小化，会影响溶液中其他分子（主要是蛋白质、核酸等大分子）的天然状态的稳定性。通过改变蛋白质的疏水相互作用来促进蛋白质变性，使溶液内的蛋白质最终达到变性的效果。

常见的离液剂有正丁醇、乙醇、氯化胍、高氯酸锂、乙酸锂、氯化镁、苯酚、2-丙醇、十二烷基硫酸钠、硫脲和尿素等。

5. 凝胶回收

可以待溶胶液冷却后，加入 1/2 体积的异丙醇沉淀 DNA 后再上柱，上柱后，静置 1～2 min 再进行离心等步骤。这样操作，可以大大地提高 DNA 的得率。

6. 利福平抗生素母液的配制

利福平（rifampicin）几乎不溶于水，可用甲醇或二甲基亚砜（DMSO）来溶解，母液浓度为 50 mg/mL。

? 思考题

1. Trizol 试剂的主要成分有哪些？请解释各个成分的作用。

2. 如何避免 RNA 提取过程中 RNase 的污染？抑制 RNase 活性有哪些方法？

3. 为什么 28S RNA 条带比 18S RNA 条带亮约两倍的时候，就能说明 RNA 样品完整？

4. 简述逆转录酶的发现过程。

5. 寻找水稻、玉米、小麦、烟草等植物中的 bHLH 基因序列。

6. 查阅文献并列举一个具有明确生物学功能的转录因子 bHLH。

7. 查找其他引物 T_m 值的计算公式，并与基于（G＋C）含量的计算公式进行比较。

8. 除了使用氯化钙法制备大肠杆菌感受态细胞进行外源 DNA 转化外，还有什么其他的方法？

9. PCR 过程中，目标 DNA 扩增了多少倍？长度可变的 DNA 片段又扩增了多少倍（设循环数为 n）？

参考文献

武家颂，崔欣茹，张景荣，等，2022. 拟南芥 bHLH 转录因子在根毛发育中的作用［J］.

杭州师范大学学报（自然科学版），21（119）：144－151.

朱旭芬，吴敏，向太和，2014. 基因工程［M］. 北京：高等教育出版社.

Barbas C F，Burton D R，Scott J K，et al.，2007. Quantitation of DNA and RNA［J］. CSH Protoc，DOI：10. 1101/pdb. ip47.

Bartley G E，Scolnik P A，Beyer P，1999. Two *Arabidopsis thaliana* carotene desaturases，phytoene desaturase and zeta－carotene desaturase，expressed in *Escherichia coli*，catalyze a poly－cis pathway to yield pro－lycopene［J］. Eur J Biochem，259（1－2）：396－403.

Chomczynski P，Sacchi N，1987. Single－step method of RNA isolation by acid guanidinium. thiocyanate－phenol－chloroform extraction［J］. Anal Biochem，162（1）：156－159.

Desjardins P，Conklin D，2010. NanoDrop microvolume quantitation of nucleic acids［J］. J Vis Exp，45：e2565.

Fordyce S L，Kampmann M L，van Doorn N L，et al.，2013. Long－term RNA persistence in postmortem contexts［J］. Investig Genet，4（1）：7.

Glasel J A，1995. Validity of nucleic acid purities monitored by 260nm/280nm absorbance ratios. Biotechniques，18（1）：62－63.

Green M R，Sambrook J，2022. Separation of RNA according to size：electrophoresis of RNA through agarose gels containing formaldehyde［M］. Cold Spring Harb Protoc（2）. DOI：10. 1101/pdb. prot101758.

Hull R，Covey S N，Dale P，2000. Genetically modified plants and the 35S promoter：assessing the risks and enhancing the debate［J］. Microb Ecol Health Dis，12（1）：1－5.

Johansson B G，1972. Agarose gel electrophoresis［J］. Scand J Clin Lab Invest，29（sup124）：7－19.

Kałużna M，Kuras A，Mikiciński A，et al.，2016. Evaluation of different RNA extraction, methods for high－quality total RNA and mRNA from *Erwinia amylovora* in planta［J］. Eur J Plant Pathol，146（4）：893－899.

Lee P Y，Costumbrado J，Hsu C Y，et al.，2012. Agarose gel electrophoresis for the separation of DNA fragments［J］. J Vis Exp，20（62）：e3923.

Lehrach H，Diamond D，Wozney J M，et al.，1977. RNA molecular weight determinations by. gel electrophoresis under denaturing conditions，a critical reexamination［J］. Biochemistry，16（21）：4743－4751.

Manchester K L，1996. Use of UV methods for measurement of protein and nucleic acid concentrations［J］. Biotechniques，20（6）：968－970.

Odell J，Nagy F，Chua N H，1985. Identification of DNA sequences required for activity of the cauliflower mosaic virus 35S promoter［J］. Nature，313（6005）：810－812.

Panja S，Aich P，Jana B，et al.，2008. How does plasmid DNA penetrate cell membranes in artificial transformation process of *Escherichia coli*［J］. Mol Membr Biol，25（5）：411－422.

Rio D C，Ares M Jr，Hannon G J，et al.，2010. Purification of RNA using TRIzol
　　（TRI. reagent）［J］. Cold Spring Harb Protoc，6：prot5439.

Ruiz M T，Voinnet O，Baulcombe D C，1998. Initiation and maintenance of virus－induced
　　gene silencing［J］. Plant Cell，10（6）：937－946.

Tavares L，Alves P M，Ferreira R B，et al.，2011. Comparison of different methods for
　　DNA－free RNA isolation from SK－N－MC neuroblastoma［J］. BMC Res Notes，4：3.

第二节　拟南芥浸花法转基因系列实验

一、实验目的

学习掌握利用浸花法，借助农杆菌可以将 T－DNA 以单链的形式随机整合至植物基因组内的特性，实现将载体内的目标片段插入拟南芥基因组内的技术。

二、实验原理

1873 年，Alexander Braun 首次在柏林田野里发现拟南芥 *ag*（*AGA-MOUS*）突变体。1907 年 Friedrich Laibach 确定了拟南芥有 5 对染色体，并于 1943 年首次提出可将拟南芥作为模式植物。1947 年 Erna Reinholz（Friedrich Laibach 的学生）利用 X 射线诱变的方法，得到了更多的拟南芥突变体。

随着分子生物学的蓬勃发展，从 20 世纪 80 年代开始，拟南芥逐渐地被科学家们广泛使用。拟南芥具有生长周期短、培养所需空间少、种子多、易进行大规模诱变、转化方法简单等诸多优点，同时在代谢工程、基因表达、生物合成等方面也扮演着重要的角色。拟南芥的种种优点，极大地推进了植物基因功能研究的发展。拟南芥是目前研究最深入的模式植物。

农杆菌是一种生活在土壤中的革兰氏阴性菌（图 1－9），分为根癌农杆菌（*Agrobacterium tumefaciens*）和发根农杆菌（*Agrobacterium rhizogenes*）。其中根癌农杆菌 GV3101 菌株从 C58 菌株衍生而来。在 C58 菌株的细胞核基因中，自带

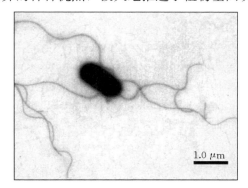

图 1－9　伴有丰富鞭毛的农杆菌电镜照片

利福平耐药基因（*rifampicin*，*rif*）。GV3101 菌株内，携带改造后的 Ti（tumor‑inducing）质粒 pMP90（又名 pTiC58DT‑DNA），pMP90 质粒内含有庆大霉素抗性基因。pMP90 质粒缺失了 T‑DNA 区域的序列，但仍然保留了多个毒力蛋白基因 *Vir*，因此 pMP90 质粒又被称为毒力蛋白辅助质粒。

以含有 T‑DNA 区域序列的二元载体（以 pCAMBIA1300 载体，见图 1‑3）为例，转化 GV3101 农杆菌感受态细胞后，GV3101 农杆菌内的 pMP90 质粒表达的 Vir 蛋白可以帮助 pCAMBIA1300 载体上的 T‑DNA 边界序列区间内的片段整合至植物基因组内。这种 T‑DNA 与 *Vir* 基因分别分布在两个不同的复制子系统，被称为 T‑DNA 二元系统。

pCAMBIA1300 载体中含有多个元件，分别是：①大肠杆菌的复制起始位点（origin of replication）oriE（ori of *E. coli*）；②农杆菌的复制起始位点 oriA（ori of *Agrobacterium*）；③多克隆位点（MCS，multiple cloning sites）；④植物体内选择性标记（潮霉素）；⑤细菌选择性标记（卡那霉素）；⑥CaMV 35S 启动子序列；⑦多聚腺苷酸 poly(A) 序列。基于 pCAMBIA1300 载体骨架的植物表达载体含有 *Hyg* 基因，因此可以利用潮霉素 B 抗生素筛选转基因成功的植株。

有别于组织培养的常规植物转基因方法，拟南芥可以通过浸泡花器官来实现转基因的操作。这种不经过组织培养的转基因方法又称为植株转化（in planta transformation）。该方法自 1998 年首次提出以来，就被广泛采用。

研究发现，T‑DNA 片段是随机整合至植物基因组中。拟南芥是自花授粉植物，如果转基因在较早时期，就可能出现花粉和胚囊细胞都插入相同 T‑DNA 的情况，那么通过浸花法就可能出现纯合子植株。而 T‑DNA 片段往往只出现在两条同源染色体中的其中一条，说明拟南芥转基因的事件是出现在花发育的后期阶段。转基因植株中，所有细胞都携带有 T‑DNA 片段，这就说明拟南芥转基因事件发生在受精卵的细胞分裂之前，并在随后建立起独立的分生组织及成熟的细胞系。研究发现，农杆菌是通过侵染拟南芥的胚珠和胚囊来实现转基因的。

在拟南芥花的雌蕊开花前 3 d 会融合形成封闭的小室，并发育成开放的花瓶状结构。因此，拟南芥浸花法转基因需要在雌蕊小室闭合前进行，否则农杆菌就无法进入拟南芥的胚珠或胚囊内。

三、实验课时安排

本系列实验包括：①农杆菌电击转化（3 学时）；②农杆菌阳性克隆的筛

选及鉴定（3 学时）；③拟南芥浸花法转基因（3 学时）；④拟南芥转基因 T_1 代阳性苗筛选及鉴定（3 学时）。共安排 4 次实验，合计 12 学时。

四、实验材料和试剂

1. 实验材料

pCAMBIA1300/*35S*∷*AtRSL4*∶*GFP* 质粒（自备）、拟南芥苗（自备）、农杆菌 GV3101 感受态细胞（上海懋康生物，MF2309 - A）、泥炭藓（Lvtian/绿田国际，45 kg）。

2. 试剂

蔗糖（生工，A100335）、Silwet L - 77、硫酸卡那霉素（生工，A506636）、MES（2 -[*N* -吗啉代] 乙烷磺酸；生工，A610341）、次氯酸钠溶液（生工，A501944）、95% 乙醇（生工，A507050）、胰蛋白胨（生工，A505250）、酵母提取物（生工，A515245）、氯化钠（生工，A501218）、琼脂糖（生工，A620014）、潮霉素（生工，A100607）、利福平（生工，A600812）、DL2000（Takara，3427A）、*Taq* PCR 2×Mix（康为世纪，CW0655）、*Eco*R Ⅰ（NEB，♯R3101V）、*Pvu* Ⅱ（NEB，♯R3151V）、DEPC（焦炭酸二乙酯；生工，B600154）、甲醛（生工，A501912）、MOPS（3 -吗啉丙磺酸；生工，A620336）、EDTA（乙二胺四乙酸；生工，E671001）、乙酸钠（生工，A110530）、硅胶干燥剂（生工，A500111）、冰、无抗 LB 或 SOC 培养基、无菌水、MS 盐、无水乙醇、80%甘油（无菌）等。

五、实验用具与仪器设备

1. 实验用具

培养皿（海门，90 mm×20 mm，100 mm×100 mm），封口膜（Parafilm，PM992），50 mL、15 mL、2.0 mL、1.5 mL 离心管（海门），1.0 mL、200 μL、20 μL 吸头（海门），灭菌袋，0.1 cm 电击杯（BioRad，1652083），量筒，药匙，称量纸，移液器（Eppendorf，Gilson 各个型号）等。

2. 仪器设备

Bio - Rad 电击转化系统（Bio - Rad，Gene Pulser Xcell）、PCR 仪器（Bio - Rad，C1000）、制冰机（万利多，QD0212A）、离心机（Eppendorf™ 5810R）、高压灭菌锅（Hirayama，HVN - 50）、电子天平（Mettler Toledo，Balance XSR4001S）、恒温摇床（上海博迅，BSD - TF370）、生化培养箱（上海一恒，LRH - 70F）、生物安全柜（Thermo Scientific，1300 系列 A2）、拟南芥培养

箱（宁波扬辉，NNJ‐1500）、荧光显微镜（Nikon，Eclipse Ts2）、－80 ℃低温冰箱（Thermo Scientific™ Forma™ 88000 Series －86 ℃ 立式超低温冰箱）、涡旋振荡器（Thermo Scientific，88880018）、超净工作台、微波炉等。

六、实验操作步骤

1. 农杆菌质粒转化

① 从－80 ℃冰箱中取出农杆菌感受态细胞（GV3101）并在冰上融化。

② 将 10 μL 质粒加入已经融化的感受态细胞内。

③ 用灭菌的 200 μL 吸头将感受态细胞转入 0.1 cm 电击杯中。

④ 将电击杯插入电穿孔系统的凹槽内，进行电击转化（2 400 V，$C=25\ \mu F$，$PC=200\ \Omega$）。

⑤ 转化结束后，加入 500 μL 无抗 LB 培养基，于 30 ℃摇床中 200 r/min 恢复培养 4 h。

⑥ 4 000 r/min 离心 2 min，弃去上清液后，用 200 μL 吸头吹打均匀，用无菌不锈钢珠（直径 3～4 mm）滚动涂布 YEP 培养基平板（含卡那霉素 50 mg/L、利福平 10 mg/L），倒放在 30 ℃细菌培养箱内，恒温培养 48～72 h。YEP 培养基成分见表 1‐3。

表 1‐3　YEP 培养基配方（1 L，pH＝7.0）

组　　分	用量（g）
胰蛋白胨	10
酵母提取物	10
氯化钠（NaCl）	5
（可选）琼脂糖	12

2. 农杆菌克隆 PCR 验证

待平板上能观察到农杆菌的单克隆菌落后，即说明电击转化成功。利用 20 μL 无菌吸头，在菌落上挑取单菌落，然后将吸头在无菌水（10 μL）内吹打多次，取 2 μL 作为克隆 PCR 检测用的模板。

PCR 结束后，电泳检测条带大小为 500 bp，则说明是正确的重组子。

剩余 8 μL 转接到含 200 μL YEP 培养液（含卡那霉素 50 mg/L、利福平 10 mg/L）的 96 孔无菌 PCR 板内，盖上封口膜，放置在 30 ℃细菌培养箱内静置培养。PCR 鉴定为阳性的克隆，即可将对应克隆的 YEP 培养液转至 15 mL 离心管内继续培养 12～24 h。

3. 农杆菌保存

取 800 μL 农杆菌菌液（$OD_{600} > 1.0$），加至 1.5 mL 无菌离心管内，再取 200 μL 无菌的 80% 甘油，用 1 000 μL 吸头充分吹打均匀，转至 −80 ℃ 冰箱内保存。

4. 农杆菌扩繁

从 −80 ℃ 保存的农杆菌中，刮取少许至含有卡那霉素（50 mg/L）及利福平（10 mg/L）的 2 mL YEP 培养液中，于 30 ℃ 摇床中，摇晃培养 12 h，取 2 mL 转接至含有卡那霉素（50 mg/L）及利福平（10 mg/L）的 200 mL YEP 培养液中扩大培养，至 $OD_{600} = 0.8 \sim 1.0$。

5. 拟南芥浸花法转基因

将 200 mL 农杆菌菌液分装在 4 管 50 mL 离心管内，在 Eppendorf™ 5810R 离心机上，8 000 r/min 离心 10 min，弃去上清液后，用少许转化液在涡旋振荡仪上重悬，当农杆菌重悬均匀后，即可倒至适当容器内（例如：一次性塑料平皿），最终的总体积为 100 mL。转化液配方见表 1 − 4。

表 1 − 4　转化液配方（1 L，pH 5.7）

组分	用量
MS 盐	2.15 g
Silwet L − 77	100～500 μL
蔗糖	50 g
MES	0.5 g

　　用于转基因的拟南芥苗，一般取初开花或即将开花的为宜。

将拟南芥的花器官，完全浸至农杆菌转化液中（图 1 − 10），浸泡 5 min 后，即完成转基因。

转基因结束后，用吸水纸将多余的农杆菌吸除，然后用保鲜膜包裹，将苗平放。黑暗条件下，保湿培养 12 h。12 h 后，揭开保鲜膜，按照正常的条件再继续培养 4 周即可，此时的苗记为转基因 T_0 代苗。

6. 种子消毒

4 周后，收集成熟的种子，即为转基因的第一代（即 T_1 代）种子。收集的种子经过 80 目不锈钢筛子将果荚筛除，留下的种子放到 2 mL 离心管内

图 1－10　拟南芥浸花法转基因

（不超过 1/3 体积），并在每个管子内放入硅胶干燥剂（2/3 体积）密封干燥种子。

种子干燥 1 周后，对种子表面进行消毒处理，消毒过程如下：

① 先用 10％次氯酸钠（95％乙醇配制）消毒 10 min。

② 用无水乙醇洗涤 1 min 后，吸除无水乙醇。

③ 再重复步骤②4～8 次，直到白色次氯酸钠沉淀肉眼不可见为止。

④ 在生物安全柜内吹干 4 h 以上。

⑤ 待用的种子可用封口膜密封，放入 4 ℃冰箱保存。

7. 转基因 T₁ 代阳性苗筛选

消毒过的种子均匀播撒至含有潮霉素（30 mg/L）的 1/2 MS 培养基平板上，4 ℃破除休眠 3 d 后，放至拟南芥培养箱内培养。培养箱的培养条件：白天温度为 22 ℃，夜间温度为 18 ℃，光照时间为 16 h，黑暗时间为 8 h，光照度为 150 μmol/（m² · s）。

8. T₁ 代阳性苗观察

约 2 周后，可见长出两片真叶且根生长正常的绿色拟南芥幼苗，即为转基因阳性苗。此时，野生型苗被抑制，几乎没有根，且部分已经黄化。因为在构建载体的时候，*AtRSL4* 基因与 *GFP* 基因是融合表达，因此，在荧光显微镜下，转基因阳性苗是可以观察到 GFP 荧光信号的。

七、预期实验结果

（1）收获大量的转基因 T_1 代种子（图 1-11）。

（2）在抗性平板上筛选到若干株转基因的阳性苗（图 1-12）。

图 1-11　拟南芥 T_1 代成熟的种子　　　　图 1-12　转基因 T_1 代阳性苗

（箭头所示即为抗性培养皿中的阳性苗）

（3）在荧光显微镜下，观察到转基因阳性苗的根细胞发出的 GFP 荧光（图 1-13）。

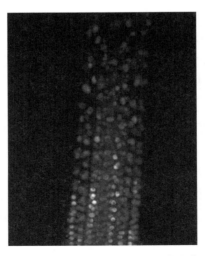

图 1-13　荧光显微镜下的 GFP 荧光信号

! 注意事项

（1）转基因时，可能部分花已经开放了。这部分花结的种子是不太可能被转基因的，因此转基因完成 2 周后，可以通过轻轻敲打果荚处，将已经成熟的种子打落。这样操作，可以提高 2 周后再收集的 T_1 代种子中的阳性苗的概率。

（2）潮霉素见光容易分解，因此母液常放至在 -20 ℃冰箱内避光保存。

（3）种子如果消毒不彻底，则培养基上常会染菌，这时候可能会降低转基因阳性苗的概率。

? 思考题

1. 除了电击法，冻融法也可以将质粒导入农杆菌感受态细胞中，请简述冻融法的原理及操作步骤。

2. 含 Ti 质粒的常用根癌农杆菌有哪些？其对应的抗性分别是什么？

参考文献

朱旭芬，吴敏，向太和，2014. 基因工程 [M]. 北京：高等教育出版社.

Clough S J, Bent A F, 1998. Floral dip: a simplified method for *Agrobacterium* - mediated. transformation of Arabidopsis thaliana [J]. Plant J, 16 (6): 735 - 743.

Gritz L, Davies J, 1983. Plasmid - encoded hygromycin B resistance: the sequence of hygromycin B phosphotransferase gene and its expression in *Escherichia coli* and Saccharomyces cerevisiae [J]. Gene, 25 (2 - 3): 179 - 188.

Hwang H H, Yu M, Lai E M, 2017. Agrobacterium - mediated plant transformation: biology and applications [J]. Arabidopsis Book, 15: e0186.

Kámán - Tóth E, Pogány M, Dankó T, et al., 2018. A simplified and efficient *Agrobacterium tumefaciens* electroporation method [J]. 3 Biotech, 8 (3): 148.

Lee L Y, Gelvin S B, 2008. T - DNA binary vectors and systems [J]. Plant Physiol, 146 (2): 325 - 332.

Pitzschke A, 2013. *Agrobacterium* infection and plant defense - transformation success hangs by a thread [J]. Front Plant Sci, 4: 519.

Punt P J, Oliver R P, Dingemanse M A, et al., 1987. Transformation of *Aspergillus* based on the. hygromycin B resistance marker from *Escherichia coli* [J]. Gene, 56 (1): 117 - 124.

Shaw C H, Ashby A M, Brown A, et al., 1988. virA and virG are the Ti - plasmid functions required for chemotaxis of *Agrobacterium tumefaciens* towards acetosyringone [J].

Mol Microbiol，2（3）：413-417.

Zhang X，Henriques R，Lin S S，et al.，2006. *Agrobacterium* - mediated transformation of *Arabidopsis thaliana* using the floral dip method ［J］. Nat Protoc，1（2）：641-646.

第三节　拟南芥 *35S*∷*AtRSL4*:*GFP* 纯合子的筛选和分子鉴定系列实验

一、实验的目

1. 掌握筛选转基因植株以及鉴定拷贝数的方法。

2. 掌握利用实时荧光定量 PCR 以及 Northern Blot 等方法鉴定转基因植物的方法。

3. 掌握激光共聚焦显微镜观察亚细胞定位的原理。

二、实验原理

1. 单拷贝植株筛选

拟南芥浸花法中，农杆菌 GV3101 T - DNA 随机插入并整合到拟南芥基因组内。pCAMBIA1300 载体的 T - DNA 片段内含有潮霉素的分解酶基因，转基因阳性植株具有能在潮霉素抗性平板上继续生长的能力。为了更快地获得纯合体株系，通常会优先选择单拷贝的转基因株系进行后续的实验操作。

根据孟德尔的分离定律和自由组合定律，当拟南芥转基因阳性植株的子二代（T_2 代）的阳性苗与野生型苗（阴性苗）的分离比满足 3∶1（AA∶Aa∶aa＝1∶2∶1）时，则该株系被认为是单拷贝株系。

卡方检验是统计样本的实际观测值（观察值）与理论推断值（期望值）之间的偏离程度，实际观测值与理论推断值之间的偏离程度决定卡方值的大小，如果卡方值越大，二者偏差越大；反之，二者偏差越小；若两个值完全相等时，卡方值就为 0，表明实验值与理论值完全符合。

通过统计阳性苗与阴性苗的比例，以卡方计算公式算得 p 值（见以下公式），p 值所对应的可信区间如图 1-14 所示。由于使用了苗的总数来预测实验值，因此自由度降为 1。

假设阳性苗与阴性苗分离比为 3∶1，那么通过查询卡方表（表 1-5），判断是否满足 0.95

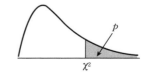

图 1-14　p 值所对应的区间

的置信区间（对应 p 值为 0.05），如果 χ^2 值小于 3.841，则判断为假设成立，因此属于单拷贝株系。

表 1 - 5　卡方分布的临界 χ^2 值

自由度	p 值								
	0.995	0.99	0.975	0.95	0.9	0.1	0.05	0.025	0.01
1	0.000 039 7	0.000 157	0.000 982	0.003 93	0.015 8	2.706	3.841	5.024	6.635
2	0.01	0.02	0.051	0.103	0.211	4.605	5.991	7.378	9.21
3	0.072	0.115	0.216	0.352	0.584	6.251	7.815	9.348	11.345

$$\chi^2 = \sum \frac{(O_i - E_i)^2}{E_i}$$

式中　χ^2——卡方（chi squared）;

O_i——观察值（observed value）;

E_i——期望值（expected value）。

2. RT - qPCR

传统的 PCR 需要在扩增完成后，才能通过琼脂糖凝胶电泳检测 PCR 产物。而实时定量 PCR 则可以在 PCR 扩增的过程中检测，因此被命名为"实时（real time）"。由于具有定量的功能，因此被叫作"实时定量 PCR（real - time quantitative PCR，RT - qPCR）"。常采用的运行程序如下。

40个循环 ⌈　95 ℃，10 min
　　　　　95 ℃，15 s
　　　　　60 ℃，15 s
　　　　　60 ℃升温至95 ℃，升温速度为1.9 ℃/min

SYBR™ Green Ⅰ核酸染料对 dsDNA 具有很高的灵敏度，因此特别适合用于定量 PCR 中 DNA 的检测。配备的荧光检测模块，可检测扩增过程中荧光信号的变化。通过荧光分子信号的增量，来显示 DNA 量的增量。测得的荧光值，反映的是产物扩增的量。

SYBR™ Green Ⅰ染料具有极低的背景荧光，其光谱特性与现有仪器中的光源和滤光镜套件非常匹配，这使其成为与激光扫描仪配合使用的理想选择。

SYBR™ Green Ⅰ染料与 PCR 过程中产生的双链 DNA 结合，当 SYBR™ Green Ⅰ染料加到样品中后，它可立即与样品中的双链 DNA 结合。在 PCR 过程中，DNA 聚合酶可对目标序列进行扩增以产生 DNA 双链产物，即"扩增子"。SYBR™ Green Ⅰ染料会与每一个新产生的双链 DNA 分子结合。随着 PCR 的进行，越来越多的扩增子被生成。由于 SYBR™ Green Ⅰ染料可与所有的双链 DNA 结合，因此荧光强度也会随着 PCR 产物的增加而增加。

在实时定量 PCR 程序起始时，增加的信号不足以被检测到，荧光值处于本底水平。随着循环数的增加，荧光信号进入对数增长区间，而此时的循环数值被称为 Ct 值（阈值循环，threshold cycle），Ct 是扩增曲线与阈值线的交叉点（图 1-15）。

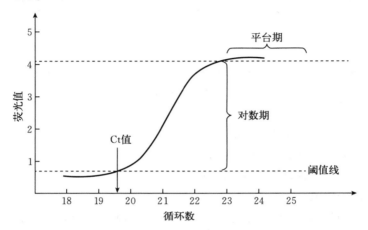

图 1-15　实时定量 PCR 的扩增图

熔解曲线（melting curve）是指在扩增完成后，对 qPCR 产物进行加热后再降温的过程。随着温度的升高，DNA 逐渐解链，导致荧光强度下降，当到达某一温度时（T_m，melting temperature），会导致大量的 DNA 产物解链，荧光信号强度急剧下降（图 1-16A）。熔解曲线分析常采用荧光值对温度的负导数来判断扩增引物的特异性（图 1-16B）。

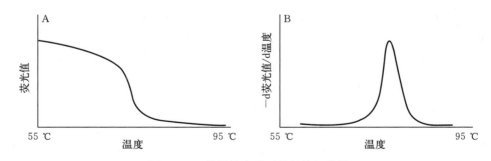

图 1-16　特异性定量引物的熔解曲线

A. 荧光值与温度之间的熔解曲线　B. 荧光值与温度的负导数的熔解曲线

有两种最常用的分析方法，一个是绝对定量，另一个是相对定量。绝对定量可以确定拷贝数，需要与标准曲线相关联。相对定量是将处理组的目标基因转录产物的 PCR 信号与对照组的目标基因转录产物的 PCR 信号相关联。

2⁻ᐞᐞᶜᵗ 是相对定量最经典的计算方法，实时定量 PCR 需要选定 1～2 个看家基因［本实验采用的是 PP2AA3（*PROTEIN PHOSPHATASE 2A SUB-UNIT A3*，AT1G13320）作为内参，对照组的目标基因与内参基因的 Ct 值之差为 ΔCt，实验组的 ΔCt 与对照组的 ΔCt 之差为 $\Delta\Delta$Ct，而实验组中目标基因表达的相对值即为 $2^{-\Delta\Delta Ct}$。

3. Northern Blot

Northern Blot 是通过检测样品中的 RNA 含量来研究基因表达的分子生物学技术。RNA 样品在变性琼脂糖凝胶电泳条件下，根据分子质量大小进行分离。电泳结束后，利用毛细管虹吸或者电场驱动的印迹技术，将胶上的 RNA 样品转至带正电的尼龙膜（nylon membrane）上。紫外线交联 RNA 到膜上后，进行预杂交，然后加入含有磷放射性同位素（³²P）标记的 RNA 探针（正义链和反义链）杂交液进行杂交孵育。杂交结束后，使用洗膜液洗涤两次后，在磷屏成像系统（GE Typhoon Phosphorimager）上扫描印迹。

为了防止放射性对人体造成潜在的伤害，目前常采用地高辛（digoxigenin，DIG）标记的 RNA 探针。尼龙膜经过地高辛标记的寡核苷酸 RNA 探针过夜杂交后洗脱、封闭和化学发光法检测，最后在高灵敏度化学发光成像系统中曝光成像。

4. 蛋白质亚细胞定位

在细胞质内，mRNA 翻译成蛋白质，这些蛋白质会进入蛋白质的分泌通路，有些蛋白质依然保留在细胞质内，而有些则进入非分泌通路的细胞器内，如线粒体、叶绿体、溶酶体等。细胞核定位的蛋白质含有一段核定位信号（nuclear localization signal，NLS），核孔复合物识别这个信号后，将核定位蛋白质运入细胞核内。通常情况下，核定位信号是由 4～8 个带正电荷的氨基酸组成短片段，可以是一个片段（单片段），也可以是分裂成的两个片段（双片段）。

绿色荧光蛋白（GFP）可以在 488 nm 的蓝光激发光条件下，发射出 509 nm 的绿光。通过激光共聚焦显微镜可以清晰观察到 GFP 在细胞内的定位，利用 GFP 融合目标蛋白的技术，进行活细胞定位研究是目前较为通行的一种方法。该方法可以在光镜水平下，不需要制样，也无须非特异性标记即可直接观察到目标蛋白质的亚细胞精细定位。

三、实验课时安排

本系列实验包括：① T₂ 代 *35S∷AtRSL4∶GFP* 转基因单拷贝的筛选

（3 学时）；②T₃ 代 *35S*∷*AtRSL4*∷*GFP* 转基因纯合子的筛选（3 学时）；③*35S*∷*AtRSL4*∷*GFP* 转基因纯合子 RT－qPCR 基因表达检测（3 学时）；④Northern Blot 检测转基因纯合子中 *AtRSL4* 基因的表达量（4 学时）；⑤激光共聚焦显微镜拍摄 *35S*∷*AtRSL4*∷*GFP* 转基因纯合子中，AtRSL4 蛋白的亚细胞定位（2 学时）。共安排 5 次实验，合计 15 学时。

四、实验材料和试剂

1. 实验材料

拟南芥转基因 T₂ 代种子及其 T₃ 代种子、拟南芥野生型种子、pSPT18 质粒（淼灵质粒平台，P0791）、泥炭藓（Lvtian/绿田国际，45 kg）。

2. 试剂

蛋白胨（生工，A505247）、酵母提取物（生工，A515245）、氯化钠（生工，A501218）、琼脂糖（生工，A620014）、潮霉素（生工，A100607）、利福平（生工，A600812）、DL2000（Takara，3427A）、*Taq* PCR 2×Mix（康为世纪，CW0655）、次氯酸钠溶液（生工，A501944）、95％乙醇（生工，A507050）、*Eco*RⅠ（NEB，♯R3101V）、*Pvu*Ⅱ（NEB，♯R3151V）、DEPC（焦炭酸二乙酯；生工，B600154）、甲醛（生工，A501912）、MOPS（3-吗啉丙磺酸；生工，A620336）、EDTA（乙二胺四乙酸；生工，E671001）、NaAc（乙酸钠；生工，A110530）、硅胶干燥剂（生工，A500111）、含有潮霉素的抗性 1/2 MS 培养基、70％乙醇、DEPC 水、电泳缓冲液（10×）、甲酰胺、冰、Tris－HCl、SSC 缓冲液（20×）、转录酶缓冲液（10×）、NTP 标记混合物（10×）、RNase 抑制剂、RNA 聚合酶（SP6 或 T7）、pSPT18/AtRSL4 线性化质粒、RNase－free 水、LiCl、含有 0.1％ SDS 的 2×SSC 溶液、含有 0.1％ SDS 的 0.5×SSC 溶液、洗涤缓冲液（Washing Buffer）、封闭缓冲液（Blocking Buffer）、抗体缓冲液（Antibody Buffer）、检测缓冲液（Detection Buffer）、化学发光底物 CSPD 等。

五、实验用具与仪器设备

1. 实验用具

带正电荷的尼龙膜（Merck，11209299001），1.5 mL RNase－free 离心管，20 μL、200 μL、1 000 μL RNase－free 吸头（Axygen，T－400，T－200－Y，T－1000－B），一次性 PE 手套，乳胶手套，口罩，抽纸，移液器（Eppendorf，Gilson 各个型号），量筒，药匙，称量纸，杂交袋，冰盒，锥形瓶，

RNase‐free 离心管等。

2. 仪器设备

高压灭菌锅（Hirayama，HVN‐50）、实时定量 PCR 仪器（Bio‐Rad，CFX96 Touch Real‐Time PCR Detection System）、Nikon 荧光显微镜（Nikon，80A）、化学发光凝胶成像仪（BIO‐RAD，ChemiDoc XRS⁺）、激光共聚焦显微镜（Nikon，A1）、紫外线交联仪（UVP，CX‐2000 UV Cross‐linked）、光照培养箱、电子天平、电泳仪、微波炉、恒温水浴锅、烘箱、分子杂交炉等。

六、实验操作步骤

（一）纯合子筛选

将转基因 T_2 代种子消毒后，撒播在含有潮霉素的抗性 1/2 MS 培养基上，统计阳性苗与阴性苗的比例，通过卡方检验，选择单拷贝株系进行单株收种。

单株收到的 T_3 代种子，重复上述步骤，对于 100％阳性苗的株系，即为纯合子株系。

（二）根毛表型观察

（1）拟南芥 *35S：：AtRSL4：GFP* 转基因纯合子种子及野生型种子表面进行消毒，晾干后，播至 1/2 MS 培养基，采用方皿，左边播野生型种子，右边播 *35S：：AtRSL4：GFP* 纯合子种子。

（2）培养皿放至 4 ℃冰箱 72 h 后，转入拟南芥生长箱，16 h 光照/8 h 黑暗培养，温度分别是 22 ℃/18 ℃。

（三）Northern Blot

1. RNA 提取及电泳

采用离心柱法提取 mRNA，电泳检测 RNA 质量后，放入－80 ℃冰箱保存待用。

2. 电泳及转膜

（1）制胶前，胶具等都用 70％乙醇冲洗一遍，晾干备用。

（2）称取 0.5 g 琼脂糖凝胶，加入 36.5 mL 的 DEPC 水，加热使琼脂糖完全溶解，待稍冷后，加入 5 mL 的 10×电泳缓冲液，8.5 mL 甲醛。然后在胶槽中灌制凝胶，插好梳子，水平放置待凝胶凝固。

（3）电泳上样液制作。在 RNase‐free 离心管内，依次加入 10×电泳缓冲液 2 μL、甲醛 3.5 mL、甲酰胺 10 mL、RNA 样品（1 μg 总 RNA 或 100 ng 的 mRNA）3.5 μL 后混匀，60 ℃保温 10 min，冰上速冷。加入 3 μL 上样缓冲液混

匀，加至凝胶点样孔内。在电压为 7.5 V/cm 的条件下，电泳 3 h，或者 60 V 过夜。

（4）电泳结束后，将胶浸到 0.1 mmol/L Tris - HCl（pH 7.5）中 45 min，使胶中和。20×SSC 缓冲液洗胶 1 h。

（5）采用虹吸法（电转法），在 20×SSC 缓冲液中过夜转印至尼龙膜（硝酸纤维膜）上。

（6）取出尼龙膜，在紫外交联仪中自动交联 4 次 [120 mJ/cm², 每次 1 min（正面朝上、反面朝上、正面朝上、反面朝上）]。再在 80 ℃ 烘箱中固定 1~2 h，处理后的膜可于 -20 ℃ 中保存。

3. 探针制备

（1）探针设计。选择作为探针的 *AtRSL4* 序列如下：

1-AGGCAAAACTAGAGCCACCAAAGGGACAGCCACTGATCCTCAAAGCCTTT-50

51-ATGCTCGGAAACGAAGAGAGAAGATTAACGAAAGGCTCAAGACACTACAA-100

101-AACCTTGTGCCAAACGGGACAAAAGTCGATATAAGCACGATGCTTGAAGA-150

151-AGCGGTCCATTACGTG-166

通过 Lasergene 软件的 SeqBuilder 程序分析得知，在探针序列中，pSPT18 载体的 *Hind* Ⅲ、*Pst* Ⅰ、*Sal* Ⅰ、*Xba* Ⅰ、*Bam*H Ⅰ、*Xma* Ⅰ、*Kpn* Ⅰ、*Sac* Ⅰ、*Eco*R Ⅰ 等酶切位点均可使用（图 1 - 17）。

本实验选择 *Xba*Ⅰ 及 *Kpn*Ⅰ 两个酶切位点，构建 pSPT18/*AtRSL4* 的引物为：

pSPT18/*AtRSL4* - F（*Xba* Ⅰ，166 bp）：5′- tgcTCTAGAAGGCAAAA-CTAGAGCCACCA - 3′。

pSPT18/*AtRSL4* - R（*Kpn* Ⅰ，166 bp）：5′- cggGGTACCCACGTAAT-GGACCGCTTCTT - 3′。

（2）载体构建。以 pCAMBIA1300/35S：：*AtRSL4*：*GFP* 载体质粒为模板，采用 pSPT18/*AtRSL4* - F 及 pSPT18/*AtRSL4* - R 引物扩增目标片段。

离心柱法回收扩增片段后，采用酶切-连接法构建 pSPT18/*AtRSL4* 载体（氨苄青霉素抗性），测序获得正确的克隆，提取大量质粒后待用。

（3）质粒线性化。利用 *Hind*Ⅲ 单酶切可获得用于转录正义链 RNA 探针的 pSPT18/*AtRSL4* 质粒；利用 *Xba* Ⅰ 单酶切可获得用于转录反义链 RNA 探针的 pSPT18/*AtRSL4* 质粒。

（4）体外转录制作地高辛标记探针。采用 *Hind*Ⅲ 线性化的质粒，用 T7 RNA 聚合酶（♯M0251S）进行体外转录，将产生可以用于检测 *AtRSL4* 基因表达的反义链 RNA 探针。

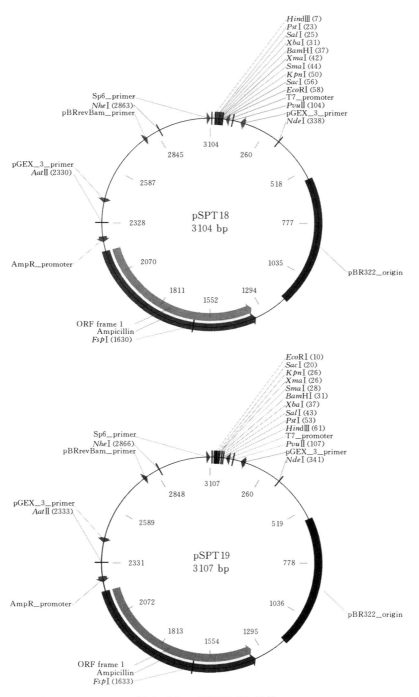

图 1 - 17　pSPT18/19 载体

而采用 $EcoR$ Ⅰ 线性化的质粒，则用 SP6 RNA 聚合酶（♯M0207S）进行体外转录，将产生可以用于作为阴性对照的正义链 RNA 探针。反应体系见表 1-6。

表 1-6　探针合成反应体系（20 μL）

组　分	用量
10×转录酶缓冲液	2 μL
10×NTP 标记混合物	2 μL
RNase 抑制剂	1 μL
RNA 聚合酶（SP6 或 T7）	2 μL
pSPT18/$AtRSL4$ 线性化质粒	1 μg
RNase-free 水	补充至 20 μL

将以上试剂混合，37 ℃反应 2 h 后，再加入 2 μL RNase-free DNase Ⅰ，37 ℃反应 30 min，去除线性化的模板 DNA。

反应结束后，加入 2 μL 的 EDTA（0.2 mol/L，pH 8.0）终止反应，−20 ℃保存。

（5）探针纯化。20 μL 反应产物加入 30 μL 的 RNase-free 水及 30 μL 的 LiCl，涡旋混匀，−20 ℃静置 1 h。14 000 r/min，4 ℃离心 5 min 后，加入 1 mL 70%乙醇混匀。14 000 r/min，4 ℃离心 15 min 后，弃去上清液。室温晾干 5～6 min 后，加入 30 μL 的 DEPC 水及 1 μL 的 RNase 抑制剂，−80 ℃保存。

纯化的探针，进行琼脂糖凝胶电泳，检测其质量。好的探针，应该会出现 1 个或 2 个分离的条带，而不是拖尾，如果出现拖尾则说明探针有所降解。

（6）探针浓度优化。为了防止信号太强或太弱，常采用斑点测试法对标记探针进行定量检测。首先假设 1 μg 线性化的 DNA 模板可以产生 10 μg 的探针，按照表 1-7 配制成不同浓度的探针。

探针初始浓度为 10 ng/μL，编号为 1。从 1 号中取 2 μL，再加 18 μL 稀释缓冲液，为 2 号样品；从 2 号中取 2 μL，再加 198 μL 稀释缓冲液，为 3 号样品；从 3 号中取 15 μL，再加 35 μL 稀释缓冲液，为 4 号样品……（表 1-7）。

表 1-7　探针稀释表

样品编号	RNA（μL）	从样品编号取出	RNA 稀释缓冲液（μL）	稀释比	终浓度
1	—	稀释后的探针	—	—	10 ng/μL
2	2	1	18	1∶10	1 ng/μL

（续）

样品编号	RNA（μL）	从样品编号取出	RNA 稀释缓冲液（μL）	稀释比	终浓度
3	2	2	198	1∶100	10 pg/μL
4	15	3	35	1∶3.3	3 pg/μL
5	5	3	45	1∶10	1 pg/μL
6	5	4	45	1∶10	0.3 pg/μL
7	5	5	45	1∶10	0.1 pg/μL
8	5	6	45	1∶10	0.03 pg/μL
9	5	7	45	1∶10	0.01 pg/μL
10	0		50	—	0

（7）斑点测试及结果分析。

① 吸取 1 μL 3～10 号样品的 RNA 标记探针，点至尼龙膜条带上。

② 在 120 ℃条件下烘 30 min 或用 UV 照射交联 5 min。

③ 加入 5 μL 化学发光底物 CSPD（$C_{18}H_{20}Cl_2O_7P$，CAS：142456-88-0，碱性磷酸酶的化学发光底物）。

④ 与对照斑点的亮度进行比较，计算标记探针的含量，确定探针的标记浓度。

4. 杂交

（1）将尼龙膜小心放入玻璃杂交管中，含有 RNA 的正面朝内，加入 5～10 mL 预杂交液后在 41 ℃杂交炉中预杂交 1～4 h。

（2）探针于 68 ℃变性处理 10 min 后，立即插到冰上 5 min，将探针加入 5～10 mL 杂交液（每毫升杂交液中，加入 20～100 ng 地高辛标记的 RNA 探针），待用。

（3）将杂交混合液（含有 Anti-DIG-AP Conjugate）加入玻璃杂交管内，在 41 ℃杂交炉中杂交过夜。从一种溶液换到另一种溶液时，尽可能滴干前者的残留部分，以免影响后续反应。

5. 洗涤和检测

（1）倒去杂交混合液，在 41 ℃杂交炉内，用含有 0.1% SDS 的 2×SSC 溶液洗膜两次，每次 15 min，再用含有 0.1% SDS 的 0.5×SSC 溶液洗膜两次，每次 15 min。

（2）室温条件下，用洗涤缓冲液（Washing Buffer）短暂冲洗 1～5 min。

（3）室温条件下，加入 50 mL 封闭缓冲液（Blocking Buffer），与膜孵育

30 min。

（4）室温条件下，加入 30 mL 抗体缓冲液（Antibody Buffer），与膜孵育 30 min。

（5）室温条件下，加入 30 mL 检测缓冲液（Detection Buffer），洗涤两次，每次 15 min。

（6）将膜放入杂交袋内，加入 1 mL 的 CSPD，立即合上杂交袋的另一面，使溶液均匀分布，且膜上无气泡。室温下，孵育 5 min。

（7）挤出多余的溶液，并密封杂交袋。

（8）放入化学发光凝胶成像仪，扫描 5～10 min，得到 Northern Blot 的结果。

以上操作步骤中部分试剂的配方见表 1-8。

表 1-8　相关试剂的配方

溶　　液	成分/制备	储存	使用
洗涤缓冲液 （Washing Buffer）	0.1 mol/L Maleic acid，0.15 mol/L NaCl，pH 7.5（20 ℃），0.3%（V/V）Tween - 20	15～25 ℃	洗膜
马来酸缓冲液 （Maleic acid Buffer）	0.1 mol/L Maleic acid，0.15 mol/L NaCl，NaOH（固体）调节 pH 7.5（20 ℃）	15～25 ℃	稀释封闭缓冲液
TBS 缓冲液	0.1 mol/L Tris - HCl，0.1 mol/L NaCl，pH 9.5（20 ℃）	15～25 ℃	碱性磷酸酶缓冲液
封闭缓冲液 （Blocking Buffer）	用马来酸缓冲液稀释封闭缓冲液母液	现用现配	封闭非特异结合位点
抗体缓冲液 （Antibody Buffer）	10 000 r/min 离心 Anti - Digoxigenin - AP 母液 5 min，用封闭液稀释 5 000 倍（150 mU/mL）	2～8 ℃ 条件下 12 h	与地高辛探针结合

（四）实时荧光定量 PCR

（1）设计内参基因及 *AtRSL4* 的定量引物。

PP2AA3-RT-qPCR-F(185 bp)：5′-ACAACCCACACTATCTATATCGG-3′。

PP2AA3-RT-qPCR-R（185 bp）：5′-TGCATCATTTTGGCCACGTT-3′。

RLS4-RT-qPCR-F（175 bp）：5′-AGAAGCGGTCCATTACGTGA-3′。

RLS4-RT-qPCR-R（175 bp）：5′-CATGTCCAGGCCGTTGTAAG-3′。

（2）在 1/2 MS 培养基上培养拟南芥转基因纯合子 7 d 后，收集根样品，迅速转至液氮冷冻，之后同前文所述的 RNA 提取及逆转录的步骤。

（3）得到的 cDNA 样品，配制定量 PCR 的混合液（SYBR™ Green PCR Master Mix 2×，引物浓度为 10 μmol/L），每个样品做 3 个重复，每孔取 20 μL 分装至定量 PCR 板后，盖上透明膜，用硅胶板刮平透明膜，使膜与板密封，不留气泡。

定量板上机前，2 000 r/min 离心 2 min，放入定量 PCR 仪后，运行程序，待程序结束后，下载并分析定量数据。

（五）亚细胞定位

根据蛋白质亚细胞定位在线服务器（ttps：//localizer.csiro.au/）预测 AtRSL4 蛋白在细胞内的定位。

输入如下 AtRSL4 蛋白的氨基酸序列：

1-MDVFVDGELESLLGMFNFDQCSSSKEERPRDELLGLSSLYNGHLHQHQHH-50

51-NNVLSSDHHAFLLPDMFPFGAMPGGNLPAMLDSWDQSHHLQETSSLKRKL-100

101-LDVENLCKTNSNCDVTRQELAKSKKKQRVSSESNTVDESNTNWVDGQSLS-150

151-NSSDDEKASVTSVKGKTRATKGTATDPQSLYARKRREKINERLKTLQNLV-200

201-PNGTKVDISTMLEEAVHYVKFLQLQIKLLSSDDLWMYAPLAYNGLDMGFH-250

251-HNLLSRLM-258

七、预期实验结果

1. 筛选单拷贝株系

统计抗性平板上 T_2 代阳性苗与阴性苗之间的比例，通过卡方检验计算得知，Line 1#、4#、7#、9#、10#、13# 均是单拷贝株系（表 1-9 所示）。

表 1-9　单拷贝筛选

株系	阳性苗	阴性苗	χ^2 （3：1）	单拷贝
Line 1#	35	21	4.666 666 667	是*
Line 2#	48	3	9.941 176 471	否
Line 3#	51	6	6.368 421 053	否
Line 4#	52	18	0.019 047 619	是
Line 7#	50	23	1.648 401 826	是

（续）

株系	阳性苗	阴性苗	χ^2（3∶1）	单拷贝
Line 9#	47	16	0.005 291 005	是
Line 10#	45	21	1.636 363 636	是
Line 11#	42	2	9.818 181 818	否
Line 13#	36	17	1.415 094 34	是

＊　Line 1#的情况比较特殊，不符合3∶1的卡方值，也不符合16∶1的卡方值。但考虑到样本数量不够多，且种子活力等因素，仍然认为Line 1#是单拷贝株系。

从培养皿上移出单拷贝株系的苗至营养土中，并盖上保鲜膜。暗培养1 d后，可进行正常光周期培养，移植1周后可揭开保鲜膜。

2. 纯合子根毛表型

拟南芥 *35S∷AtRSL4∶GFP* 转基因 T₃ 代纯合子株系的所有苗均能在潮霉素抗性培养基上生长（图1-18）。体视显微镜观察纯合子的根毛表型（图1-19），可见 *AtRSL4* 基因过表达后，根毛明显变长。

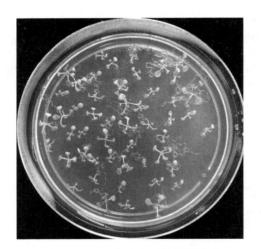

图1-18　T₃代纯合子植株的筛选

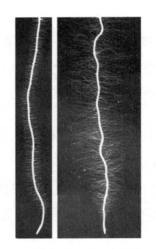

图1-19　拟南芥 *35S∷AtRSL4∶GFP*
转基因植株的根毛表型
（左为野生型，右为转基因植株）

3. RT-qPCR

对野生型及4个转基因纯合株系进行定量 PCR 检测，得到定量的 Ct 值如表1-10所示。根据公式计算所得数据后，再经过作图分析，可知4个株系都是过表达株系，且表达量由大到小分别是：Line1#-11＞Line13#-6＞Line4#-

9＞Line7＃-4（图1-20）。

表1-10　转基因纯合株系的定量PCR结果

株系	AtPP2AA3	AtRSL4	$2^{-\triangle\triangle Ct}$平均值	$2^{-\triangle\triangle Ct}$标准差
Col-0	16.47	29.11	1.001 985 333	0.079 616 46
	16.15	28.88		
	16.38	28.98		
Line1＃-11	17.29	22.99	132.21	15.330 714 27
	17.05	22.66		
	17.2	22.74		
Line4＃-9	17.91	25.07	36.948 795 67	1.537 964 176
	17.48	25.26		
	17.83	25.15		
Line7＃-4	16.2	24.26	24.060 466 67	1.544 313 513
	16	24.14		
	16.31	24.32		
Line13＃-6	18.26	24.45	92.318 033 33	5.748 208 566
	18.55	24.53		
	18.41	24.63		

GraphPad作图：根据样品$2^{-\triangle\triangle Ct}$的平均值与$2^{-\triangle\triangle Ct}$的标准差，用Graph-Pad软件作图（图1-20）。

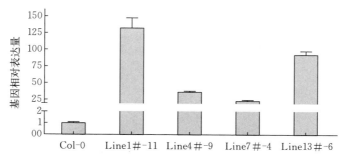

图1-20　转基因纯合株系AtRSL4基因的RT-qPCR表达

4. Northern Blot

转基因株系的Northern Blot结果可参考图1-21。通过条带浓度的大小，可以判断目的基因RSL4表达量的高低，从而筛选出表达量最高的株系。

0   0.5   1   2   4   8   12   24 (h)

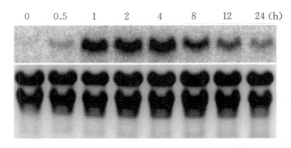

图 1-21   *RD29A* 表达的 Northern Blot 检测

注：两周苗在 4 ℃下处理不同时间的基因表达结果。上图为 *RD29A* 在不同冷处理时间下的表达结果，下图为内参基因的表达结果。

5. 亚细胞定位预测结果

AtRSL4 蛋白的亚细胞定位是细胞核，其中核定位信号肽为 KRKL（97th–100th aa）与 RKRR（183rd–186th aa）（加框的氨基酸所标注）。

1-MDVFVDGELESLLGMFNFDQCSSSKEERPRDELLGLSSLYNGHLHQHQHH-50

51-NNVLSSDHHAFLLPDMFPFGAMPGGNLPAMLDSWDQSHHLQETSSL KRKL -100

101-LDVENLCKTNSNCDVTRQELAKSKKKQRVSSESNTVDESNTNWVDGQSLS-150

151-NSSDDEKASVTSVKGKTRATKGTATDPQSLYA RKRR EKINERLKTLQNLV-200

201-PNGTKVDISTMLEEAVHYVKFLQLQIKLLSSDDLWMYAPLAYNGLDMGFH-250

251-HNLLSRLM-258

采用激光共聚焦显微镜观察 *35S∷AtRSL4∶GFP* 转基因纯合株系的根尖可见，AtRSL4 蛋白定位在细胞核内（图 1-22）。

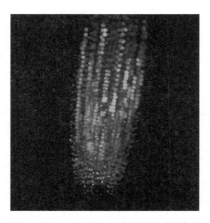

图 1-22   AtRSL4 蛋白的亚细胞定位

⚠ 注意事项

（1）判断单拷贝的时候，只能统计已经发芽的苗，而不能以播下的种子来统计。

（2）单株收到的种子，如果都是来自同一个株系的，可以合并在一起。

（3）做定量 PCR 前，需要多设计几对定量引物，且在正式进行定量 PCR 前，需要采用半定量 PCR 先电泳检测扩增条带的特异性。

（4）在进行定量 PCR 实验的重复时，需选用重现性好的移液器分装样品。

（5）定量 PCR 混合体系含有荧光素化合物，操作过程中需要避光。

（6）不要用苯酚/氯仿溶液回收，因为地高辛（DIG）标记的探针会被分配到有机相中。

（7）RNA 探针稀释后，在水溶液中不稳定，因此在斑点测试时，应该尽快点样。

（8）探针稀释溶液必须现用现配。

（9）探针不要反复冻融。

（10）为了防止培养基被污染，在用体视显微镜观察荧光信号的时候，不要揭开封口膜。

（11）将阳性苗从培养基中移至营养土后，为了能使幼苗的根更好地适应土壤环境，先用保鲜膜覆盖 1 周，其间要保证土壤湿润，移苗后的前 2 d，黑暗或者弱光照培养，揭膜后，则采用正常条件种植培养。

❓ 思考题

1. 实时定量 PCR 的检测除 SYBR™ Green Ⅰ 检测法外，还有 TaqMan 检测法。请简述 TaqMan 检测法的原理及步骤。

2. Northern Blot 中的探针，是否可用 DNA 探针来代替？

3. 熔解曲线的意义是什么？

4. 采用微滴式数字 PCR（droplet digital PCR）也可检测转基因单拷贝株系，请简述其原理。

参考文献

朱旭芬，吴敏，向太和，2014. 基因工程 [M]. 北京：高等教育出版社.

Almagro Armenteros J J, Sønderby C K, Sønderby S K, et al., 2017. DeepLoc: prediction of protein subcellular localization using deep learning [J]. Bioinformatics，33（21）：3387 - 3395.

Czechowski T，Stitt M，Altmann T，et al.，2005. Genome - wide identification and testing of superior reference genes for transcript normalization in *Arabidopsis* [J]. Plant Physiol，139（1）：5 - 17.

Dönnes P，Höglund A，2004. Predicting protein subcellular localization：past，present，and future [J]. Genomics Proteomics Bioinformatics，2（4）：209 - 215.

Engler - Blum G，Meier M，Frank J，et al.，1993. Reduction of background problems in nonradioactive northern and Southern blot analyses enables higher sensitivity than^{32} P - based hybridizations [J]. Anal Biochem，210（2）：235 - 244.

Heid C A，Stevens J，Livak K J，et al.，1996. Real time quantitative PCR [J]. Genome Res（10）：986 - 994.

Höltke H J，Kessler C，1990. Non - radioactive labeling of RNA transcripts in vitro with the hapten digoxigenin（DIG）：hybridization and ELISA - based detection [J]. Nucleic Acids Res，18（19）：5843 - 5851.

Jung C，Seo J S，Han S W，et al.，2008. Overexpression of AtMYB44 enhances stomatal closure to confer abiotic stress tolerance in transgenic Arabidopsis [J]. Plant Physiol，146（2）：623 - 635.

Livak K J，Schmittgen T D，2001. Analysis of relative gene expression data using real - time quantitative PCR and the 2（-delta delta Ct）method [J]. Methods，25（4）：402 - 408.

Sperschneider J，Catanzariti A M，DeBoer K，et al.，2017. LOCALIZER：subcellular localization prediction of both plant and effector proteins in the plant cell [J]. Sci Rep，7：44598.

第二章　大麦功能基因的克隆及根癌农杆菌介导的植物转基因

第一节　大麦 *HPT* 基因的克隆和表达载体构建系列实验

一、实验目的

1. 掌握基因克隆的基本原理与方法。
2. 掌握阳性克隆的筛选方法，了解抗药性筛选的基本原理。
3. 掌握基因过量表达载体及 CRISPR 敲除载体的构建。

二、实验原理

目前用于获得靶基因的方法有几种，如限制性内切酶法、文库筛选法、体外扩增法和人工合成法等，其中限制性内切酶法直接分离目的基因和聚合酶链式反应（PCR）或逆转录-聚合酶链式反应（RT－PCR）体外扩增目的 DNA 片段，是目前最常用的方法。

PCR 技术特异性依赖于与靶序列两端互补的寡核苷酸引物。PCR 3 个基本反应步骤包括模板 DNA 的变性、模板 DNA 和引物的退火（复性）、引物的延伸。双链 DNA 在多种酶的作用下可以变性解旋成单链，在 DNA 聚合酶的参与下，根据碱基互补配对原则复制成同样的两分子拷贝。

克隆载体（cloning vector）是携带外源基因并使其在宿主细胞内扩增的载体，通常含松弛型复制子（ori）、多克隆位点（multiple cloning site，MCS）和筛选标记基因等基本要素，以便基因能大量增殖；而表达载体（expression vector）是指具有宿主细胞基因表达所需的调节控制序列，能使克隆的基因在宿主细胞内转录与翻译的载体。表达载体不仅使外源基因扩增，还使其高效表达。所以表达型质粒除了具有克隆载体的特点外，还需要有一个强启动子（例如 35S 组成型表达启动子）及操纵基因位点序列、转录起始信号、转录终止信号、核糖体结合位点、翻译起始密码子和终止密码子等一系列调控序列。

Gateway 克隆技术：把目的基因克隆到入门载体（entry vector）后，就不用依赖限制性内切酶，而靠载体上存在的特定重组位点和重组酶，高效、快速地将目的基因转移到受体载体上。在噬菌体和细菌的整合因子的作用下，噬菌体的 attP 位点和大肠杆菌基因组的 attB 位点可以发生定点重组，噬菌体 DNA 定点整合到大肠杆菌的基因组 DNA 中，两侧产生两个新位点：attL 和 attR。这是一个可逆的过程，在特定环境下，可以再次重组，重新产生 attB 和 attP 位点，导致噬菌体从细菌基因组上裂解下来。该技术通过去除冗长的亚克隆步骤节省操作时间，同时将目的基因转移到多个表达系统。

以 CRISPR/Cas9 系统为代表的基因编辑技术，靶向结合目的基因后，会在特定位置产生 DNA 双链断裂（double‐strand breaks，DSBs）。DSBs 可以通过两种自然机制修复，一种是非同源末端连接（non‐homologous end joining，NHEJ），一种是同源重组（homologous recombination，HR）。这两种修复通路的分子机制不同，所以 CRISPR/Cas9 系统等基因编辑技术在生物技术领域的应用也有所不同，其既可以实现基因的敲除，又可以实现对基因产物的改造、突变基因的校正、定点引入性状基因等。

CRISPR 敲除载体选择的是 pRGEB32 稳定转化载体（由杨亦农教授提供，Xie et al.，2015），载体上包含 Cas9 蛋白部分及 gRNA 二级结构部分。其中 Cas9 蛋白由水稻的泛素启动子 UBI10 启动表达，gRNA 部分由水稻 U3 snoRNA 启动子启动表达。gRNA 连接片段需要插到 U3 snoRNA 启动子与 gRNA 二级结构之间。通过 *Bsa* I 酶切 pRGEB32 载体，*Fok* I 酶切 gRNA 连接片段，暴露相同的黏性末端，从而将两者连接在一起。

三、实验课时安排

本系列实验包括：①大麦叶片总 RNA 的提取与质量分析（3 学时）；②逆转录 RT‐PCR（2 学时）；③基因克隆、PCR 产物的纯化、连接到克隆载体及其转化（4 学时）；④基因表达载体的构建与鉴定（6 学时）。共安排 5 次实验，合计 15 学时。

四、实验材料和试剂

1. 实验材料

大麦（*Hordeum vulgare* L. 'Golden Promise'）叶片；大肠杆菌菌株 DH5α，农杆菌菌株 EHA105；质粒 pRGEB32、pGTR♯4（由杨亦农教授提供，Pennsylvania State University，USA）。

2. 试剂

2×Rapid *Taq* DNA 聚合酶（Vazyme）、KOD 聚合酶（Toyobo）、*Bsa* Ⅰ 核酸内切酶（NEB）、*Fok* Ⅰ核酸内切酶（NEB）、T7 DNA 连接酶（NEB）、T4 DNA 连接酶（Takara）、质粒 DNA 提取试剂盒（Easy－do，Catalog No. DR0201050）、Trizol（Takara）、逆转录试剂盒（ReverTra Ace qPCR RT Master Mix with gDNA Remover，Toyobo）、植物总 RNA 提取试剂盒（Easy－do）、琼脂糖凝胶回收试剂盒（Easy－do）、DEPC 水（Sangon）、pMD™19－T 载体（Takara）、pENTRY™－载体（Invitrogen）、LB 培养基（10 g/L 胰蛋白胨、5 g/L 酵母提取物、10 g/L NaCl）、氨苄西林（Amp，50 μg/mL）、卡那霉素（Kan，50 μg/mL）、螺旋霉素（Spi，25 μg/mL）、利福平（Rif，25 mg/mL）、100％甘油等。

五、实验用具与仪器设备

1. 实验用具

研钵和研杵、微量移液器、吸头、培养皿、离心管、乳胶手套、口罩、抽纸、三角瓶等。

2. 仪器设备

T1 Thermocycler PCR 仪（Biometra）、Electroporator 2510 电转化仪（Eppendorf）、Mini PROTEAN 垂直电泳槽（Bio－Rad）、低温高速离心机（Eppendorf）、Nano 核酸测定仪（HITACHI）、紫外透视仪、紫外灯、－80 ℃ 超低温冰箱、电子天平（Sartorius）、烘箱、摇床、恒温水浴锅、恒温培养箱、微波炉、电泳仪、凝胶成像系统、超净工作台、制冰机等。

六、实验操作步骤

（一）大麦叶片总 RNA 的提取与质量分析

1. RNA 提取

（1）为防止提取过程中 RNA 降解，须全程戴口罩和手套，并及时进行更换，且使用 RNase 处理过的枪头及离心管。

（2）取适量大麦叶片约 0.3 g，剪碎置于研钵中，倒入液氮，充分研磨直至粉末状，无明显颗粒。灭菌的药匙预冷后，迅速将叶片粉末转移至预冷过的 1.5 mL 离心管中，并快速加入 1 mL Trizol，涡旋 30 s。室温静置 5～10 min；4 ℃，12 000 r/min 离心 10 min。

（3）小心吸取上清液 600 μL 到新 1.5 mL 离心管中，加入 200 μL 氯仿，

涡旋 30 s，室温静置 10 min 至溶液分层；4 ℃，12 000 r/min 离心 10 min。

（4）取上层水相约 400 μL 至新 1.5 mL 离心管中，加入等体积的预冷异丙醇，上下颠倒混匀后，室温放置 20 min；4 ℃，12 000 r/min 离心 15 min。

（5）弃去上清液，加入 1 mL 现配的 75% 乙醇，上下颠倒离心管直至底部沉淀悬浮后，12 000 r/min 离心 5 min。

（6）重复步骤（5），再洗涤一次，离心弃去上清液后，室温晾干 5 min，当沉淀转变为透明时加 30~50 μL DEPC 水溶解，可在 55~60 ℃ 水浴中，助溶 10 min，后置于 −80 ℃ 冰箱保存。

2. RNA 质量分析

取 3 μL RNA 提取物进行琼脂糖凝胶电泳，检测所提取 RNA 的完整性和 DNA 污染情况。取 1~2 μL RNA 提取物，使用 Nanodrop 2000 检测 RNA 的浓度和纯度。要求 $OD_{260}/OD_{280} > 1.8$，$OD_{260}/OD_{230} > 2.0$。

（二）逆转录 RT - PCR

逆转录反应试剂盒采用 ReverTra Ace qPCR RT Master Mix with gDNA Remover（Toyobo）。

反应体系如表 2-1 所示。

表 2-1　逆转录反应体系

成　　分	用量
总 RNA	500 ng
4×DN Master Mix（含 gDNA Remover）	2 μL
5×RT Master Mix Ⅱ	2 μL
Nuclease - free 水	补充至 10 μL

（1）取 500 ng RNA，补 Nuclease - free 水至 6 μL，置于 65 ℃ 水浴锅进行预变性 5 min，后迅速置于冰上冷却。

（2）按反应体系加入 2 μL 4×DN Master Mix（含 gDNA Remover）和 2 μL 5×RT Master Mix Ⅱ，混匀后，37 ℃ 水浴 30 min。

（3）放入 98 ℃ 水浴 5 min，使酶灭活，然后取出置于冰上冷却，之后放置 −20 ℃ 冰箱保存。

（三）基因克隆、PCR 产物的纯化、连接到克隆载体及其转化

1. 引物设计

根据 GenBank 中有关大麦 *HPT* 的基因序列，使用 Primer premier 6.0 设计并合成 PCR 扩增引物。

HPT-cDNA-F：5′-GGAACAGTATGCCGAAACG-3′。

HPT-cDNA-R：5′-GGGTTGCTCGTCGTTGTCG-3′。

采用高保真酶，例如用 KOD 聚合酶（Toyobo）进行 PCR 扩增。

2. 克隆大麦 *HPT* 基因

（1）KOD 聚合酶 PCR 反应体系如表 2-2 所示。

表 2-2　KOD 聚合酶 PCR 反应体系

成　　分	体积（μL）
10×KOD Buffer	25
dNTPs	10
上游引物	2
下游引物	2
模板 cDNA 产物	2
KOD 聚合酶	1
ddH$_2$O	8

（2）KOD 聚合酶 PCR 反应程序如表 2-3 所示。

表 2-3　KOD 聚合酶 PCR 反应程序

程序	温度（℃）	时间	循环数
预变性	98	3 min	1
变性	98	30 s	
退火	58	30 s	34
延伸	68	1 min	
终延伸	68	8 min	1

（3）琼脂糖凝胶电泳。取 PCR 扩增产物 5 μL，加入 1 μL 6×上样缓冲液，同时点上 5 μL DNA Marker，1.2%琼脂糖凝胶电泳，电压 90～120 V，30～60 min。

（4）紫外透视仪观察记录。于紫外透视仪下观察有无特异性扩增带，并照相记录。

（5）PCR 产物纯化回收。在紫外灯下快速切下含目的片段的凝胶，用于纯化回收。

PCR 产物试剂盒（Easy - do）纯化方法

（1）割胶回收。切下含目的 DNA 的凝胶块，放入 1.5 mL 离心管中，加入 400 μL Buffer A1，于 65 ℃水浴锅中放置 5～10 min，每 2～3 min 混匀一次，直至凝胶块完全熔化。

（2）清洁回收。往 PCR 或酶切产物中加入 3 倍体积的 Buffer A1，混匀。

（3）上柱。将上述溶液吸至套放于 2 mL 收集管的 HiPure DNA 吸附柱中，12 000 r/min 室温离心 30 s，取出吸附柱，弃去废液。若溶液体积大于 700 μL，则需分次上柱。

（4）洗涤。将吸附柱放回收集管中，加入 500 μL Buffer A2（请确认已往 Buffer A2 中加入指定体积的无水乙醇），12 000 r/min 室温离心 30 s，取出吸附柱，弃去废液。重复洗涤一次。

（5）挥发。将吸附柱放回收集管中，12 000 r/min 室温离心 1 min。

（6）洗脱。将吸附柱放入洁净 1.5 mL 离心管（自备）中，往吸附柱膜中央加入 30～50 μL 的 Elution 2.0* 洗脱液或去离子水，室温放置 1～2 min 后，12 000 r/min 室温离心 1 min，洗脱液中即含目的 DNA。

（7）检测。取 3～5 μL 用于 DNA 片段浓度和电泳检测，洗脱液可用于后续实验或 −20 ℃冰箱冻存。

* Elution 2.0 洗脱液的优势：①有利于 DNA 的稳定及长期保存；②不影响 DNA 的酶切和 PCR 等常规实验。

3. PCR 回收产物连接到克隆载体

用 pMD™ 19 - T 载体进行连接反应，16 ℃反应 30 min，连接体系如表 2 - 4 所示。

表 2 - 4　连接体系

成　　分	用量
pMD™ 19 - T 载体	1 μL
Solution Ⅰ	5 μL
PCR 纯化产物	50 ng
ddH$_2$O	补充至 10 μL

4. 连接体系转化大肠杆菌

连接体系全量（10 μL）加至 50 μL DH5α 大肠杆菌感受态细胞中，冰中放置 20 min；42 ℃加热 50 s 后，再在冰中放置 2 min；加入 500 μL LB 液体培养基，37 ℃振荡培养 40～60 min；4 000 r/min 离心 3 min，在超净工作台操作，吸出上清液 400 μL，剩下菌体混匀，在含有氨苄西林的琼脂平板培养基上涂布培养，形成单菌落。

5. 筛选鉴定阳性克隆

直接挑取单菌落，使用特异性引物进行 PCR 扩增，确认载体中是否存在具有目的基因的重组质粒以及插入片段的大小，之后通过测序（引物可选择通用引物 M13 上游或下游引物）确认序列正确与否。

（四）基因表达载体的构建与鉴定

1. 过量表达载体

（1）使用 Gateway 技术。设计并合成新的引物（上游引物 5′端需携带 CACC 碱基序列）。

HPT-CDS-F：5′-CACCATGCCGAAACGGGGCCGGTG-3′。

HPT-CDS-R：5′-TCTCACCAGAGGGATGAGCA-3′。

再以已经连接到 T 载体，并测序正确的质粒为模板进行 PCR 扩增，克隆 *HPT* 基因的 cDNA 序列（不含终止子序列）。

反应体系为：KOD 高保真 DNA 聚合酶 1 μL，10×Buffer 25 μL，dNTP 10 μL，cDNA 模板 2 μL，10 μmol/L 正反引物各 2 μL，加三蒸水至 50 μL。

反应程序为：98 ℃ 3 min 预变性；98 ℃ 30 s 变性，60 ℃ 30 s 退火，72 ℃ 1 min 延伸，共 33 个循环；72 ℃ 5 min 终延伸。

PCR 扩增产物取 5 μL，用 1%的琼脂糖凝胶电泳检测。

PCR 产物纯化回收后先连接到 pENTRY 质粒载体（Thermo Scientific），入门连接体系如表 2-5 所示。

表 2-5 入门连接体系

成　分	用量
Entry 载体	0.5 μL
Salt Solution	1 μL
PCR 产物纯化回收物	约 50 ng
ddH₂O	补充至 6 μL

入门连接体系室温放置 5～10 min，吸取 3 μL 进行大肠杆菌（DH5α 感受态细胞）转化，于 Kan 平板上筛选。37 ℃培养过夜，挑取 3～5 个单克隆，接

种至 LB 液体培养基，摇菌，提质粒。

质粒提取（试剂盒提取）方法

（1）收集菌液。将菌液转移至 1.5 mL 离心管中，12 000 r/min 室温离心 1 min，彻底除去上清液。

（2）重悬菌液。往离心管中加入 200 μL 溶液 I（首次使用时加 RNase A，用毕于 4 ℃保存），充分振荡悬浮菌体。

（3）裂解。往离心管中加入 200 μL 溶液 II，上下颠倒翻转 6～8 次。裂解时间不超过 5 min。裂解后溶液应变得清亮黏稠，反之，应关注细菌量或杂菌污染情况。

（4）变性。向离心管中加入 200 μL 溶液 III，上下颠倒翻转 6～8 次，充分混匀，室温放置 2 min 后，12 000 r/min 室温离心 10 min。

（5）上柱。将上述样品的上清液全部吸至套放于 2 mL 收集管的 HiPuTe DNA 吸附柱中，盖上盖子，12 000 r/min 室温离心 30 s，取出吸附柱，弃去废液。

（6）洗涤。将吸附柱放回收集管中，加入 500 μL 洗脱缓冲液（注：确认已加入指定体积的无水乙醇），12 000 r/min 室温离心 30 s，弃去废液。重复洗涤一次。

（7）挥发。将吸附柱放回收集管中，12 000 r/min 室温离心 1 min。将吸附柱转移至新的 1.5 mL 离心管中，开盖放置 2 min。

（8）洗脱。往吸附柱膜中央加入 30～80 μL 的去离子水，室温放置 2 min 后，12 000 r/min 室温离心 1 min，弃柱子，洗脱液中即含目的 DNA。

（9）检测。取 2～5 μL 电泳检测，洗脱液可用于后续实验或 −20 ℃冻存。

（2）进行平板克隆 PCR 鉴定。M13F/R 引物序列：

M13-F：5′-GTAAAACGACGGCCAG-3′。

M13-R：5′-CAGGAAACAGCTATGAC-3′。

① PCR 反应体系如表 2-6 所示。

表 2-6　PCR 反应体系

成　　分	体积（μL）
2×Rapid Mix	10
上游引物（10 μmol/L）	0.5

（续）

成　分	体积（μL）
下游引物（10 μmol/L）	0.5
模板质粒	1
ddH$_2$O	8

② PCR 反应程序如表 2-7 所示。

表 2-7　PCR 反应程序

程序	温度（℃）	时间	循环数
预变性	95	5 min	1
变性	95	20 s	
退火	60	20 s	32
延伸	72	30 s	
终延伸	72	3 min	1

将携带 *HPT* 基因的 Entry 载体质粒与 pH 7 FWG2.0 载体质粒进行 LR 反应。LR 反应体系如表 2-8 所示。

表 2-8　LR 反应体系

成　分	体积（μL）
GUS_Entry 载体质粒	2
pH 7 FWG 2.0 载体质粒	2
LR 酶	1

反应体系于室温条件下孵育 1 h，之后加入 1 μL 蛋白酶 K，于 37 ℃水浴 10 min，终止反应。吸取 3 μL 反应体系转化大肠杆菌，于 Spi 平板上筛选。挑取 3～5 个单克隆用引物 attB1（5′-CAAGTTTGTACAAAAAAGCAG-3′）和 attB2（5′-CCACTTTGTACAAGAAAGCTG-3′）进行 PCR 验证。操作程序参考前文平板克隆 PCR 鉴定的反应体系和程序。

2. 基因敲除载体

gRNA 与 Cas9 蛋白结合，并引导 Cas9 蛋白对靶基因进行双链切割。gRNA 包括 20 bp 的间隔序列和 gRNA 二级结构两部分。对于不同的靶基因，只需要重新设计 20 bp 的间隔序列即可。参照 Xie 等（2015）和 Zeng 等（2020）的描述，根据 GenBank 数据库中的大麦 *HPT* 基因的 CDS 序列（Gen-

Bank 登录号：XM_045103515）设计 gRNA。为提高敲除效率，同一个基因设计了两个 gRNA。gRNA 设在蛋白编码区，尽量靠近编码蛋白的 5′端。

（1）gRNA 片段的克隆。以 pGTR♯4 为模板，扩增 L1、L2、L3 三个部分重叠的片段（表 2 - 9 至表 2 - 12）。pGTR♯4 模板由杨亦农教授（Xie et al.，2015）提供，以 pGEM - T Easy（Promega）载体为骨架，融合 gRNA 骨架部分及 tRNA 部分。2%琼脂糖凝胶电泳检测 PCR 产物，将剩余 PCR 产物柱式回收，通过 Nanodrop 2000 测定 PCR 回收产物的浓度。

表 2 - 9 L1、L2、L3 片段的组成

片段	组 成	引 物
L1	tRNA＋gRNA1 - part1	上游引物：L5AD5 - F 下游引物：HPT - gRNA1 - R
L2	gRNA1 - part2＋gRNA scaffold＋ tRNA＋gRNA2 - part1	上游引物：HPT - gRNA1 - F 下游引物：HPT - gRNA2 - R
L3	gRNA2 - part1＋gRNA scafold	上游引物：HPT - gRNA2 - F 下游引物：L3AD5 - R

表 2 - 10 KOD 聚合酶 PCR 反应体系

成 分	体积（μL）
10×KOD Buffer	25
dNTPs	10
上游引物	2
下游引物	2
pGTR♯4 模板	2
KOD 聚合酶	1
ddH$_2$O	8

表 2 - 11 KOD 聚合酶 PCR 反应程序

程序	温度（℃）	时间	循环数
预变性	98	3 min	1
变性	98	30 s	
退火	60	30 s	33
延伸	68	1 min	
终延伸	68	10 min	1

表 2 - 12　引物列表

引物名称	引物序列（5′→3′）
L5AD5 - F	CGGGTCTCAGGCAGGATGGGCAGTCTGGGCAACAAAGCACCAGTGG
L3AD5 - R	TAGGTCTCCAAACGGATGAGCGACAGCAAACAAAAAAAAAAAGCACCGACTCG
HPT - gRNA1 - F	TAGGTCTCCTATGCCGAAACGGTTTTAGAGCTAGAA
HPT - gRNA1 - R	CGGGTCTCACATACTGTTCCTTGCACCAGCCGGG
HPT - gRNA2 - F	TAGGTCTCCACTGCAAGCTTCGTTTTAGAGCTAGAA
HPT - gRNA2 - R	CGGGTCTCACAGTATCGTGTGTGCACCAGCCGGG

（2）gRNA 片段的连接。L1 片段的末尾，L2、L3 片段的开头、末尾均带有 *Bsa* I 的酶切位点，且 L1、L2、L3 片段的末尾有部分重叠，因此采用边 *Bsa* I 酶切，边 T7 DNA 连接酶连接，最终将 L1、L2、L3 这 3 个片段连接在一起。根据测定的 PCR 产物浓度，将各片段等量（各 25～50 ng）混合，T7 DNA 连接酶连接反应与 *Bsa* I 酶切反应同时进行；取 L1、L2、L3 各 2 μL，与 10 μL T7 连接酶 Buffer、1 μL *Bsa* I- HF、0.5 μL T7 DNA 连接酶、0.5 μL 水混合（表 2 - 13）；在 PCR 仪中进行如下反应：37 ℃，5 min；20 ℃，10 min；30～50 个循环；20 ℃，1 h。

表 2 - 13　连接反应体系

试　　剂	体积（μL）
L1～L3 各加约 50 ng	L1+L2+L3
2×T7 DNA 连接酶 Buffer	10
Borine Serum Albumin	2
Bsa I 酶	0.5
T7 DNA 连接酶（>3 000 U/μL）	0.5
总计	20

连接反应结束后，取连接产物 1 μL，加 9 μL 水稀释，将稀释后的产物作为模板，用 pGTR♯4 载体上的通用引物进行普通 PCR 扩增（上游引物：S5AD5 - F，CGGGTCTCAGGCAGGATGGGCAGTCTGGGCA。下游引物：S3AD5 - R，TAGGTCTCCAAACGGATGAGCGACAGCAAAC。表 2 - 14 和表 2 - 15）；PCR 结束后，取 5 μL 产物进行电泳检测，并将产物直接纯化回收。

表 2 - 14　PCR 扩增体系

试　　剂	体积（μL）
2×*Taq* Mix	25
ddH₂O	20

（续）

试　剂	体积（μL）
稀释的连接产物	2.5
S5AD5 - F	1.25
S3AD5 - R	1.25
总计	50

表 2 - 15　PCR 反应程序

反应阶段	温度（℃）	反应时间	循环数
1	95	5 min	1
2	95	30 s	33
	60	30 s	
	72	30 s	
3	72	10 min	1

PCR 产物直接纯化回收，用 40 μL 三蒸水溶解以备后用。

（3）gRNA 连接片段与载体的连接反应。

① Fok I 酶切 gRNA 连接片段的体系如表 2 - 16 所示。

表 2 - 16　Fok I 酶切 gRNA 连接片段的体系

试　剂	体积（μL）
gRNA 连接片段	20
Fok I 酶	3
10×Buffer（CutSmart）	2
ddH₂O	5

Fok I 酶切 gRNA 的 PCR 产物，37 ℃酶切 3～4 h，放入 65 ℃水浴 10 min 使酶失活。上样 50 μL，2%琼脂糖凝胶割胶纯化回收，测定浓度。

pRGEB32 大肠杆菌菌种接种在 LB 固体培养基（含 50 μg/mL 卡那霉素）中，37 ℃培养 12～20 h。挑取单菌落接种到 10 mL LB 液体培养基（含 50 μg/mL 卡那霉素）中，37 ℃振荡培养约 12 h 至对数生长后期。保存菌种，即 700 μL 菌液加 300 μL 100%的甘油。剩余菌液继续振荡培养，混浊后用于提取质粒。

② Bsa I 酶切 pRGEB32 载体体系如表 2 - 17 所示。

表 2 - 17　Bsa I 酶切 pRGEB32 载体体系

试　剂	用量
pRGEB32 载体	5 μg
Bsa I 酶	5 μL

（续）

试　剂	用量
10×Buffer（CutSmart）	5 μL
ddH₂O	补充至 50 μL

37 ℃酶切 3～4 h，酶切产物直接回收，测定浓度。

③ 纯化产物和目标载体的连接反应。取 *Fok* Ⅰ酶切回收的 gRNA 纯化产物与 *Bsa* Ⅰ酶切回收的 pRGEB32 载体等量混合（50 ng），再加 T4 DNA 连接酶 0.5 μL，10×T4 DNA 连接酶 Buffer 1 μL，加三蒸水至 10 μL，4 ℃连接过夜（表 2－18）。

表 2－18　连接反应体系

试　剂	用量
Fok Ⅰ酶切 gRNA 连接片段回收产物	50 ng
Bsa Ⅰ酶切 pRGEB32 载体回收产物	50 ng
10×T4 DNA 连接酶 Buffer	1 μL
T4 DNA 连接酶	1 μL
ddH₂O	补充至 10 μL

④ 热激法转化大肠杆菌。将连接后的载体转化大肠杆菌 DH5α，在含卡那霉素的平板培养基上涂布，37 ℃培养箱过夜培养。

⑤ 菌落 PCR 鉴定阳性克隆（表 2－19 至表 2－21）。挑取 3～5 个单菌落，进行菌落 PCR 鉴定。挑取 PCR 检测阳性的单克隆，加入 3 mL 的 LB 液体培养基，3 μL 卡那霉素，37 ℃摇床，220 r/min，摇菌过夜培养。次日，待菌液混浊，取 1 mL 菌液进行测序。将测序结果与原始序列进行比对，完全匹配的单克隆菌落，保存菌种，－80 ℃冰箱保存。

表 2－19　引物序列

引物名称	引物序列（5′→3′）
OsU3 - F	AGTACCACCTCGGCTATCCACA
UGW - gRNA - R	CGCGCTAAAAACGGACTAGC

表 2－20　PCR 反应体系

成　分	体积（μL）
2×Rapid Mix	10
上游引物（10 μmol/L）	0.5
下游引物（10 μmol/L）	0.5

（续）

成　　分	体积（μL）
菌落	1
ddH$_2$O	8

表 2 - 21　PCR 反应程序

程序	温度（℃）	时间	循环数
预变性	95	5 min	1
变性	95	20 s	
退火	60	20 s	34
延伸	72	30 s	
终延伸	72	3 min	1

七、预期实验结果

（1）大麦叶片提取的 RNA，在琼脂糖凝胶电泳图上主要呈现两个条带，从上至下依次是 28S 和 18S rRNA，且 28S 条带的亮度是 18S 的 1.5～2.0 倍。经 Nanodrop 2000 测定，高质量的 RNA，其 OD$_{260}$/OD$_{280}$ 读数为 1.8～2.1，OD$_{260}$/OD$_{230}$ 读数大于 2.0。

（2）对照 Marker 2000，凝胶电泳图上 *HPT* 基因的克隆片段为单一条带，约在 1 200 bp 处。该基因片段连到 T 克隆载体后，转化大肠杆菌，测序所得 *HPT* 基因的 cDNA 全长序列为 1 237 bp。

（3）CRISPR 基因敲除载体构建结果如图 2 - 1 和图 2 - 2 及表 2 - 22 所示。

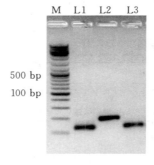

图 2 - 1　L1、L2、L3 片段 PCR 克隆
产物的琼脂糖凝胶
检测结果
（M：Marker 5000）

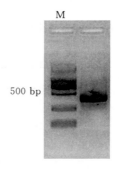

图 2 - 2　L1、L2 和 L3 片段连接产
物经 *Fok* Ⅰ 酶切后割胶纯
化回收结果
（M：Marker 2000）

表 2 - 22　L1、L2 和 L3 片段连接产物与 *Bsa* I 酶切回收的 pRGEB32 目标载体连接后，最终的测序结果

载　　体	序列（5′→3′）
PTG - HPT/Cas9 (tRNA - gRNA1 - tRNA - gRNA2)	GATCCGTGGC<u>AACAAAGCACCAGTGGTCTAGTGGTAGAATAGT</u> <u>ACCCTGCCGGTACAGACCCGGGTTCGATTCCCGGCTGGTGCA</u> AGGAACAGTATGCCGAAAC·G·G·T·T·T·T·A·G·A·G·C·T·A·G·A·A·A·T·A·G·C·A·A·G·T· *TAAAATAAGGCTAGTCCGTTATCAACTTGAAAAAGTGGCACCGAGTC* *GGTGC*<u>AACAAAGCACCAGTGGTCTAGTGGTAGAATAGTACCCT</u> <u>GCCACGGTACAGACCCGGGTTCGATTCCCGGCTGGTGCA</u>C·A·C·A· C·G·A·T·A·C·T·G·C·A·A·G·C·T·T·CGTTTTAGAGCTAGAAATAGCAAGT·T·A·A·A·A·T· *AAGGCTAGTCCGTTATCAACTTGAAAAAGTGGCACCGAGTCGGTGC* *TTTTTTTTT*

注：下划线，Pre - tRNA；加点，gRNA spacer；斜体，gRNA scaffold。

！注意事项

（1）RNA 提取所需试剂和器械等应为 RNA 提取专用，实验前应清理干净实验台（通风橱），将台面等用酒精棉擦拭干净，实验过程中不要跑动，尽量少说话。实验过程中一次性手套要勤换，戴手套的手不要乱碰其他东西。为了保证提取 RNA 的质量，操作过程中每步取液要迅速，加完液迅速盖离心管盖，振荡。取枪头、试剂也要迅速，取完即盖盖。整个提取过程应尽可能在低温下操作。

（2）gRNA 设计时，注意其序列中不能出现 *Bsa* I（GGTCTC/GAGACC）和 *Fok* I（GGATG）酶切位点；S5AD5 - F 序列酶切后露出黏性末端 GGCA，S3AD5 - R 序列酶切后露出黏性末端 AAAC，gRNA 引物开头前 4 个不能与黏性末端一样。两个 gRNA 之间的距离最好为 300～400 bp。另外，gRNA 的茎环结构以及 gRNA 间隔序列的（G＋C）含量适中，间隔序列中不要出现连续的 4 个 T 等。

？思考题

1. RNA 提取应该注意什么？如何判断 RNA 完整性？

2. PCR 产物是割胶回收还是直接纯化回收，如何选择？过柱纯化的原理是什么？

3. 以大肠杆菌为受体，表达载体比克隆载体多了哪些功能元件？各有什

么生物学功能？

4. 如果实验中不该长出菌落的平板（对照组）上长出了一些菌落，将如何解释这种现象？

5. 进行植物基因敲除的方法有哪些？各有什么特点？

参考文献

刘翠翠，2017. 大麦维生素 E 合成关键基因 *HvHGGT* 和 *HvHPT* 的敲除与鉴定［D］. 杭州：浙江大学.

龙敏南，楼士林，杨盛昌，2010. 基因工程［M］. 北京：科学出版社.

朱旭芬，2016. 基因工程实验指导［M］.3 版. 北京：高等教育出版社.

朱旭芬，吴敏，向太和，2014. 基因工程［M］. 北京：高等教育出版社.

Xie K B，Minkenberg B，Yang Y N，2015. Boosting CRISPR/Cas9multiplex editing capability with the endogenous tRNA-processing system［J］. Proceedings of the National Academy of Sciences of the United States of America，112（11）：3570-3575.

Zeng Z H，Han N，Liu C C，et al.，2020. Functional dissection of *HGGT* and *HPT* in barley vitamin E biosynthesis via CRISPR/Cas9-enabled genome editing［J］. Annals of Botany，126（5）：929-942.

第二节　根癌农杆菌介导的大麦转基因系列实验

一、实验目的

1. 理解根癌农杆菌介导的植物转基因的基本原理和方法。
2. 掌握根癌农杆菌介导的遗传转化操作方法。

二、实验原理

根癌农杆菌是土壤杆菌属的一种革兰氏阴性细菌，能侵染大多数双子叶植物和少数单子叶植物。根癌农杆菌介导的基因转移是利用根癌农杆菌的 Ti 质粒将外源基因转入植物细胞核基因组中，并进行整合表达的转化。

根癌农杆菌含有 Ti 质粒，它是根癌农杆菌所特有的位于染色体外独立的基因组，为双链闭合环状的 DNA 分子。Ti 质粒上含有一段特殊的 DNA，即 T-DNA。当植物受到伤害后，植物的细胞就会分泌如乙酰丁香酮等酚类化合物，这些酚类化合物能诱导根癌农杆菌染色体毒性基因的表达，促使农杆菌附着到受伤植物细胞表面。根癌农杆菌侵染植物后，其 Ti 质粒上的 T - DNA 部分转化并整合进入宿主细胞，即可诱导植物细胞形成冠瘿瘤。经一系列复杂的变化过程，T - DNA 以单拷贝或低拷贝的形式随机整合到植物染色体上。因此，只要将外源基因插入 T - DNA，Ti 质粒就可以作为天然载体，将外源基因导入植物细胞中。本系列实验采用根癌农杆菌介导的大麦未成熟胚的遗传转化方法，主要流程见图 2 - 3。

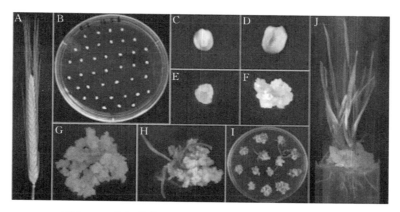

图 2 - 3 农杆菌介导的大麦未成熟胚的遗传转化过程

A. 大麦未成熟种子 B. 盾片 C. 幼胚 D. 去胚轴的幼胚 E. 培养 1 周的愈伤组织 F. 培养 3 周的愈伤组织 G、I. 愈伤组织再分化成苗 J. 大麦幼苗生根培养

三、实验学时安排

本系列实验包括：①EHA105 感受态细胞的制备及其转化（3 学时）；②大麦愈伤组织的诱导、共培养和抗性愈伤组织的选择（4 学时）；③转基因幼苗生根培养和移栽（2 学时）。共安排 3 次实验，合计 9 学时。

四、实验材料和试剂

1. 实验材料

大麦（*Hordeum vulgare* L. 'Golden Promise'）未成熟种子。

2. 试剂

酒精、次氯酸钠、无菌水、10% 甘油、LB 固体培养基、LB 液体培养基、卡那霉素（Kan）、利福平（Rif）、特美汀（160 mg/L）、潮霉素（50 mg/L）、乙酰丁香酮（100 mmol/L）、未成熟胚愈伤诱导培养基、愈伤组织选择培养基、过渡培养基、再生培养基、生根培养基等。

五、实验用具与仪器设备

玻璃皿、封口膜、镊子、勺子、烧杯、锥形瓶、酒精灯、超净工作台、恒温培养箱、植物人工培养室等。

六、实验操作步骤

1. 农杆菌 EHA105 感受态细胞的制备及其转化

（1）取农杆菌 EHA105 的原始菌种，在含有 50 mg/L 利福平（Rif）的 LB 固体培养基上划线，28 ℃培养 48 h。

（2）挑选生长良好的单克隆菌落，接种至 5 mL 的 LB 液体培养基中，同时加入 5 μL 的 50 mg/L Rif，28 ℃，220 r/min，摇床上振荡培养过夜。

（3）将过夜振荡培养的 2 mL 菌液，加至 50 mL 的 LB 液体培养基（含有 50 mg/L Rif）中，28 ℃，220 r/min，摇床上振荡培养至 OD_{600} 达到 0.4～0.6。

（4）将达到 OD 值的菌液分装至 50 mL 离心管中，冰浴 30 min。

（5）4 000 r/min，4 ℃，离心 10 min，弃去上清液，用 50 mL 预冷的无菌水重悬菌体沉淀。

（6）4 000 r/min，4 ℃，离心 10 min，弃去上清液，用 25 mL 预冷的无菌水重悬菌体沉淀。

（7）4 000 r/min，4 ℃，离心 10 min，弃去上清液，用 12.5 mL 预冷的无菌水重悬菌体沉淀。

（8）4 000 r/min，4 ℃，离心 10 min，弃去上清液，用 12.5 mL 预冷的 10%甘油重悬菌体沉淀。

（9）4 000 r/min，4 ℃，离心 10 min，弃去上清液，用 2 mL 预冷的 10% 甘油重悬菌体沉淀，缓慢吹打均匀，分装到 1.5 mL 的离心管中，每管分装 100 μL。－80 ℃冰箱保存。

将测序结果正确的质粒，用冷激法或者电转化农杆菌 EHA105。

冷激法转化农杆菌 EHA105

（1）取用于农杆菌转化的已构建好的表达载体质粒。从－70 ℃取出 100 μL 感受态细胞，冰浴化开。

（2）往 100 μL 感受态细胞中加入 3～5 μL 质粒，快速轻轻混匀，冰浴静置 5 min。

（3）快速浸入液氮，维持 5 min，再 37 ℃水浴 5 min。

（4）加入 4 倍无抗生素的 LB 液体培养基，混匀，28 ℃摇 2～4 h。

（5）涂布前一般将菌浓缩为原感受态体积，即 4 000～5 000 r/min 离心 5 min，去部分上清液，再用枪头吹吸均匀，最后涂布至培养基表面基本干燥为止。培养前，需 28 ℃正放 1 h，再倒置培养 48 h 以上。

（6）通常能长出来的，是所需阳性菌落。可通过菌液或菌落直接进行 PCR 鉴定，但扩增效果可能不佳。建议摇菌提取质粒，再做质粒的 PCR 或质粒的酶切鉴定。

电转化农杆菌 EHA105

（1）取 100 μL 制备好的农杆菌感受态，放置在冰上，加入稀释后的质粒 1 μL（稀释后的浓度约 10 ng/μL），轻轻混匀。

（2）将混合好的感受态及质粒迅速地加至预冷的电极杯中，擦净电极杯外壁，插入 Electroporator 2510 电转化仪（Eppendorf）中，2 500 V 电击。

（3）电击完成后，迅速加入 500 μL 的 LB 液体培养基，吹打混匀，吸取菌液至 1.5 mL 离心管中，28 ℃，220 r/min，摇床上振荡培养 2 h。

（4）4 000 r/min，离心 3 min，弃去上清液。用移液器将剩余菌液吹打混匀，均匀涂布于含 50 mg/L Rif、50 mg/L Kan 的 LB 固体平板上，28 ℃倒置培养 48 h。

（5）挑取 5 个生长良好的单克隆菌落，接种于 3 mL 含 50 mg/L Rif、50 mg/L Kan 的 LB 液体培养基中。28 ℃，220 r/min，摇床上振荡培养 24～36 h，至菌液混浊。

（6）提取质粒。质粒小提采用的是 OMEGA 公司的质粒小提试剂盒，在此不再赘述。

（7）质粒 PCR 验证阳性克隆。操作程序参考本章第一节 CRISPR 敲除载体的构建中的菌落 PCR 验证方法（第二章第一节实验操作步骤第四步中"gRNA 连接片段与载体的反应"）。引物同样为 OsU3 - F、UGW - gRNA - R。1%琼脂糖凝胶电泳检测。

2. 大麦愈伤组织的诱导、共培养和抗性愈伤组织的选择

（1）材料消毒。取未成熟大麦种子（胚的直径为 1.5～2 mm），按以下步骤消毒：

① 将未成熟大麦种子放入 100 mL 无菌烧杯中，倒入 50 mL 70%酒精，振荡冲洗 1 min。

② 倒去酒精，加入 50 mL 20%次氯酸钠溶液，浸泡 20 min。

③ 倒去次氯酸钠溶液，用无菌蒸馏水清洗种子 4 遍，最后一遍静置浸泡 15 min，然后再用无菌蒸馏水洗 3 遍。

（2）外植体的处理及培养。取种子的胚，用尖头镊子去除胚轴，置入愈伤诱导培养基中，盾片面朝上，每皿 30 粒。用封口膜封好培养皿，在 25 ℃培养箱暗培养 24 h。

（3）农杆菌活化和培养。

① 从-80 ℃冰箱取出农杆菌菌液，划线培养于含有相应抗生素的 LB 固体平板中。

② 培养 2 d 后，从平板上挑取单菌落，接种到 20 mL 的 LB 液体培养基（含 50 mg/L Kan 和 100 mg/L Rif）中，28 ℃，220 r/min 振荡培养 20～28 h 至菌液终浓度的 OD_{600} 范围为 1.8～2.0。

（4）感菌与共培养。

① 菌液中添加乙酰丁香酮后，用移液枪滴加到已经暗培养 24 h 的盾片上，侵染约 10 min。

② 在培养基上来回拖动浸染过农杆菌的盾片，去除多余菌液后置于新的愈伤诱导培养基中，25 ℃黑暗培养 72 h。

（5）选择和分化培养。

① 将愈伤组织取出，置于含潮霉素（50 mg/L）的选择培养基上进行第一轮选择，25 ℃，黑暗培养。

② 每隔 2 周更换新鲜选择培养基，直到愈伤组织长到一定大小（愈伤分散时，4～6 周）后转移到过渡培养基（弱光照培养）。

③ 愈伤组织表面出现绿点后，换至再生培养基，25 ℃，全光照培养。

3. 转基因幼苗生根培养和移栽

待茎芽发育到 2～3 cm 后，将幼苗小心地转转到 15 cm 长的玻璃试管中培养，透气膜封口，培养基部分用锡箔纸遮光。苗长至试管顶部，根系生长良好，及时开盖，加入适量无菌水，炼苗 3 d，然后洗去琼脂，移栽到温室的土壤中生长，检测。

七、预期实验结果

获得大麦转基因愈伤组织和转基因植株（参见图 2-3J）。

!) 注意事项

农杆菌 EHA105 感受态细胞的制备及大麦未成熟胚的遗传转化相关操作步骤皆在超净工作台上进行，即无菌条件下进行。

?) 思考题

1. 植物转基因技术有哪些？它们的基本原理是什么？
2. 简述转基因技术和基因敲除的异同。
3. 根癌农杆菌介导的植物遗传转化有哪些优缺点？
4. 哪些措施可以提高根癌农杆菌介导的植物遗传转化效率？

参考文献

刘翠翠，2017. 大麦维生素 E 合成关键基因 *HvHGGT* 和 *HvHPT* 的敲除与鉴定 ［D］. 杭州：浙江大学 .

朱旭芬，2016. 基因工程实验指导 ［M］. 3 版 . 北京：高等教育出版社 .

Harwood W A，2014. A protocol for high‐throughput *Agrobacterium*‐mediated barley transformation ［J］. Methods in molecular biology，1 099：251‐260.

第三节　大麦转 *HPT* 基因后代的鉴定和分析系列实验

一、实验目的

1. 掌握分子杂交所用探针的标记，利用标记的探针对转基因植株进行分子杂交，进而鉴定转基因植株，并明确转基因植株中含有的外源基因的拷贝数。

2. 掌握利用实时荧光定量 PCR 等方法对转基因再生植株进行外源基因的表达分析。

二、实验原理

转基因后代的鉴定和分析需要转化当代提供外源基因整合和表达的分子生物学证据（PCR 检测、Southern/Western 杂交等）与表型数据（酶活性分析等），并且提供外源基因控制的表型性状分析。

实时荧光定量 PCR 技术，是指在 PCR 反应体系中加入荧光基团，利用荧光信号积累实时监测整个 PCR 进程，最后通过标准曲线对未知模板进行定量分析的方法。本实验采用 SYBR Green 法，即在 PCR 反应体系中，加入过量 SYBR 荧光染料，SYBR 荧光染料特异性地掺入 DNA 双链后，发射荧光信号，而不掺入链中的 SYBR 荧光染料分子不会发射任何荧光信号，从而保证荧光信号的增加与 PCR 产物的增加完全同步，有效分析外源基因的表达量。

本实验中设计的两个 gRNA 可能会同时靶向编辑目的基因，届时两个 gRNA 结合的 Cas9 蛋白会同时切割目的基因，分别在基因的两个位置出现双链断裂，造成大片段缺失。小片段缺失突变体是指靶基因中有几个碱基的变化，包括碱基的插入、缺失、替换。因为只是个别碱基发生变化，用琼脂糖凝胶电泳无法检测。通过识别突变体的结构，聚丙烯酰胺凝胶电泳（polyacrylamide gel electrophoresis，PAGE）可以灵敏地检测出单个碱基的变化。PCR 产物在 PAGE 胶上显示多条带，与野生型不同，则为杂合突变体；若条带和野生型相同，则需要将此类突变体的 PCR 产物与野生型样本的 PCR 产物等量混合，进行变性、复性操作，再次 PAGE 检测。结果若与野生型条带不一致的则可初步判定为纯合突变体。

三、实验课时安排

本系列实验包括：①转基因 T_0 代再生植株的 PCR 分子鉴定（3 学时）；②Southern 杂交（3 学时）；③RT - qPCR 基因表达量鉴定（3 学时）；④CRISPR/Cas9 转基因植株阳性苗筛选（3 学时）。共安排 4 次实验，合计 12 学时。

四、实验材料和试剂

1. 实验材料
HPT 基因过量表达转基因植株及其 CRISPR/Cas9 介导的基因敲除株系。

2. 试剂
CTAB 抽提液 [2 g CTAB、8.18 g NaCl、0.74 g 乙二胺四酸二钠、10 mL 1 mol/L Tris - HCl（pH 8.0）、0.2 mL 巯基乙醇，定容到 100 mL]、75％乙醇、氯仿/异戊醇（*V/V*，24∶1）、2×Rapid *Taq* DNA 聚合酶（Vazyme）、SYBR Green Premix Ex *Taq*（Takara）、*Eco*R I 核酸内切酶（NEB）、TE [10 mmol/L Tris - HCl（pH 8.0）、1 mmol/L EDTA、含 10 μg/mL 的 RNase]、0.25 mol/L HCl、变性液（0.5 mol/L NaOH、1.5 mol/L NaCl）、中和液

（0.5 mol/L Tris‐HCl、1.5 mol/L NaCl，pH 7.5）、1 mol/L Tris‐HCl（pH 8.0）、20×SSC（3 mol/L NaCl、0.3 mol/L 柠檬酸三钠，pH 7.0）、10% SDS、Maleic acid Buffer（0.1 mol/L Maleic acid、0.15 mol/L NaCl，pH 7.5）、Washing Buffer［Maleic acid Buffer、0.3%（V/V）Tween‐20］、Detection Buffer（0.1 mol/L Tris‐HCl、0.1 mol/L NaCl，pH 9.5）、Blocking Solution、Antibody Solution、5×TBE 储存液（54 g Tris 碱、22.5 g 硼酸、20 mL 0.5 mol/L EDTA，pH 8.0）、EDTA（0.5 mol/L，pH 8.0）、琼脂糖、溴化乙锭（EB）、30%丙烯酰胺/甲叉双丙烯酰胺预混液、1.5 mol/L Tris‐HCl 缓冲液、10%过硫氨酸、N，N，N′，N′-四甲基乙二胺（TEMED）等。

五、实验用具与仪器设备

研钵、研杵、镊子、离心管、移液枪、滤纸、小平皿、PVDF 膜、杂交管、T1 Thermocycler PCR 仪（Biometra）、实时荧光定量 PCR 仪（Eppendorf）、真空泵、垂直板电泳槽、电转仪装置、稳压稳流电泳仪、凝胶成像系统、微波炉、电子天平、水浴锅等。

六、实验操作步骤

（一）转基因 T_0 代再生植株的 PCR 分子鉴定

1. 转基因植株提取基因组 DNA

（1）充分研磨。取大麦叶片用液氮充分研磨 3 min，用药勺将粉末移至 10 mL 离心管，加入 5 mL 的 CTAB 提取液（含 0.2%巯基乙醇），65 ℃水浴 60 min。

（2）8 000 r/min 离心 10 min，取适当体积的上清液；加入 1 倍体积的氯仿/异戊醇（V/V，24∶1），混匀，静置分层；9 000 r/min 离心 10 min，取上清液用氯仿/异戊醇再抽提一遍。

（3）加入预冷的 1 倍体积的异丙醇（或 2 倍体积的乙醇），颠倒混匀后沉淀 5 h 或过夜。沉淀好后 8 000 r/min 离心 10 min，弃去上清液。

（4）轻轻加入 1 mL 75%乙醇洗涤，再转置 1.5 mL 离心管中，离心沉淀，去上清液后倒置于吸水纸上晾干，待白色沉淀成透明状时，加入含 RNase 的 TE 500 μL，37 ℃溶解 30 min，加入等体积的氯仿/异戊醇抽提，取上清液。

（5）加入 1/10 体积的 3 mol/L pH 5.2 的 NaAc 和 2.5 倍体积的无水乙醇沉淀 2 h。

（6）12 000 r/min 离心 10 min，弃去上清液，用 75%乙醇洗涤沉淀，晾干后加 30~50 μL TE 或三蒸水，可 60 ℃助溶 10 min，溶好后取 1 μL 进行电泳检测，最后 −20 ℃保存。用于后续 PCR 分子鉴定和 Southern Blot 拷贝数鉴定。

2. PCR 分子鉴定

利用 pH 7 FWG2.0 载体上设计的上游引物和下游引物 HPT - CDS - R（5′- TCTCACCAGAGGGATGAGCA - 3′）进行 PCR 扩增（表 2-23、表 2-24），筛选阳性苗。PCR 产物经 1.0％琼脂糖凝胶电泳，观察是否有条带。

表 2-23 PCR 反应体系

成　　分	体积（μL）
2×Rapid Mix	10
上游引物（10 μmol/L）	0.5
下游引物（10 μmol/L）	0.5
基因组 DNA	1
ddH$_2$O	8

表 2-24 PCR 反应程序

程序	温度（℃）	时间	循环数
预变性	95	5 min	1
变性	95	20 s	
退火	59	20 s	35
延伸	72	30 s	
终延伸	72	5 min	1

（二）Southern 杂交

1. 酶切电泳

（1）将大量提取的转基因植株的基因组 DNA，用 EcoR Ⅰ核酸内切酶进行酶切（37 ℃）过夜。用 0.5×TBE 制备 0.8％的 TBE 琼脂糖凝胶（120~150 mL），点样后先 50 V 电压电泳 15 min，再 20 V 电压电泳过夜。

（2）次日取出凝胶，将凝胶翻转，放入 0.25 mol/L HCl 中漂洗 10 min，之后用去离子水漂洗 2 min。

（3）用变性液变性 15 min，两次，每次约 100 mL，之后用去离子水稍加漂洗 2 min。

（4）用中和液中和 15 min，两次，每次约 100 mL。

2. 转膜

（1）裁剪一个与过滤板同样大小的 3MM 滤纸，和一张与凝胶同样大小的尼龙膜。

（2）搭台。依次把过滤板、3MM 滤纸（提前用 2×SSC 浸润）、尼龙膜（提前用 2×SSC 浸润）、橡胶垫、凝胶、盖子放到凝胶支持夹上（注意：凝胶孔朝下铺上凝胶，挤掉凝胶与滤纸间的气泡）。

（3）安装真空泵开始抽真空，压强 20～30 kPa，2～4 h。待凝胶变薄后取出放入 EB 中染色，观察转膜情况。

3. 固定

（1）取出膜，在正面做上记号，于 2×SSC 中漂洗 5 min。

（2）滴尽液体，膜正面朝上，放于滤纸上风干 5～10 min。

（3）膜于滤纸上风干后，紫外交联两次。

（4）用 3MM 滤纸包好后，80 ℃烘烤 1～2 h 后用于杂交或者 4 ℃保存待用。

4. DNA 杂交

（1）2×SSC 漂洗。

（2）膜正面朝里卷起放入杂交管中，加入 10 mL 37 ℃的预杂交液，42 ℃预杂交 2 h。

（3）倒去预杂交液，加入已 68 ℃水浴变性 10 min 并且在冰上放置 10 min 的杂交液（探针加 10 μL），42 ℃杂交过夜。

5. 检测

（1）检测前的洗膜。

① 先将 54 ℃水浴锅打开，将 Blocking Solution 取出熔化。

② 用含有 0.1% SDS 的 2×SSC（100 mL），室温漂洗膜 10 min，共两次。

③ 用含有 0.1% SDS 的 0.5×SSC（100 mL，54 ℃预热），54 ℃漂洗膜 15 min，共两次。

（2）检测。

① 用 20 mL Washing Buffer 简短漂洗膜 5 min。

② 将膜加入 40 mL Blocking Solution 中，25 ℃振摇 30 min。

③ 取 10 mL Blocking Solution，加入 1 μL 抗体，制备成 Antibody Solution，加入杂交瓶中，25 ℃振摇 30 min。

④ 用 30 mL Washing Buffer 漂洗膜 15 min，共两次。

⑤ 在 20 mL Detection Buffer 中平衡 5 min。

⑥ 取出膜，正面朝上放到保鲜膜上，加入 700 μL CSPD ready‐to‐use，保鲜膜覆盖好后挤掉气泡，置于 37 ℃下 10 min 使其充分反应。

⑦ 将尼龙膜正面朝上放于右下角的夹板上，在完全黑暗中取出一张底片，置于尼龙膜上，然后合上夹板。压片 1～3 h。具体压多长时间需根据 X 射线胶片显色后背景的强弱及杂交信号的强弱来定。

⑧ 把压好的底片在完全黑暗中先置于显影液中 2 min，然后放入清水中漂洗片刻，最后置于定影液中片刻，取出用自来水冲洗干净。晾干，观察。

（三）RT‐qPCR 基因表达量鉴定

RT‐qPCR 每孔以 10 μL 为反应体系（表 2‐25、表 2‐26），按照每种基因每个试验样品 3 个技术性实验重复，计算反应所需 SYBR Green Premix Ex *Taq* 的总体积，先进行分装，最后分别加入 cDNA 模板。

表 2‐25 SYBR 反应体系

成　　分	体积
cDNA 模板	4 μL
2×SYBR Premix Ex *Taq*	5 μL
上游引物（10 μmol/L）	0.5 μL
下游引物（10 μmol/L）	0.5 μL
ddH$_2$O	补充至 10 μL

表 2‐26 RT‐qPCR 程序

程序	温度（℃）	时间	循环数
预变性	95	10 min	1
变性	95	15 s	
退火	60	15 s	40
延伸	72	20 s	

RT‐qPCR 反应结果分析时以水稻的 *ACTIN* 基因为内参，以 $2^{-\Delta\Delta Ct}$ 法分析定量实验数据。大麦 *ACTIN* 内参基因的引物序列：

上游引物：5′‐ GCTGAGCGGGAAATTGTAAG‐3′。

下游引物：5′‐ GATCATGGATGGCTGGAAGA‐3′。

（四）CRISPR/Cas9 转基因植株阳性苗筛选

1. 靶基因 *OsHPT* 大片段缺失的检测

（1）针对 2 个 gRNA 靶位点，设计两对引物（表 2‐27），检测其突变情况。其中 HPT - 1F/R 引物是用来检测 gRNA1 靶位点的突变情况；HPT - 2F/R 检测 gRNA2 靶位点。引物 HPT - 1F 和 HPT - 2R 可用于检测大片段缺失。PCR 操作程序参考前文转基因 T_0 代再生植株的 PCR 分子鉴定的反应体系和程序。

表 2 - 27 两对引物

引物名称	引物序列（5′→3′）
HPT - 1F	CCACAACAAATCTACCGTCTC
HPT - 1R	ACCTCCAGCAATCCAGTAAG
HPT - 2F	ACCTTTCAGTCAGTGGCTTTGAACT
HPT - 2R	TTACAAGAGGCGTTGCTGGTTCATT

（2）取 5 μL PCR 产物，进行 1.5% 琼脂糖凝胶电泳检测。和野生型相比较，若电泳条带单一，且片段大小与野生型相同，则可以认为该 T_0 代植株没有发生大片段缺失；若电泳条带单一，但是片段长度小于野生型，则可以认为该 T_0 代植株是大片段缺失的纯合体；若电泳条带出现至少两条带或者三条带，且其中有一条带与野生型相同，则可以认为该 T_0 代植株是大片段缺失的杂合体。

（3）鉴定出的大片段缺失突变体，最终需要测序来进一步确定突变的序列和位置。对于纯合的大片段缺失突变体，PCR 产物直接送去测序；而对于杂合的大片段缺失突变体，则需将突变片段割胶回收，连接 T 载体，再挑取单克隆送公司测序（表 2 - 28）。

表 2 - 28 割胶回收片段连接 T 载体反应体系

试 剂	用量
小片段缺失杂合体回收产物	50 ng
pGEM - T Easy（Promega）	50 ng
10×T4 DNA 连接酶 Buffer	1 μL
T4 DNA 连接酶	1 μL
ddH$_2$O	补充至 10 μL

2. 靶基因 *OsHPT* 小片段突变的检测

通过 PCR，分别扩增 gRNA 靶位点两侧的基因组 DNA 序列。PCR 操作程序参考前文转基因 T_0 代再生植株的 PCR 分子鉴定的反应体系和程序。取 3 μL PCR 产物，进行 1% 琼脂糖凝胶电泳检测。条带与野生型相同的，则用 14% PAGE 凝胶电泳进一步检测。

PAGE 凝胶电泳检测

（1）制胶前的准备。取两块干净的玻璃板，清洗干净，烘箱中烘干后放入垂直支架内，两玻璃板底部对齐，垂直竖放，夹好固定于平板支架上。

（2）14%PAGE 凝胶的制备（两块胶）。取 30%丙烯酰胺/甲叉双丙烯酰胺预混液（Acr - Bis）4.66 mL，ddH$_2$O 2.73 mL，1.5 mol/L Tris - HCl 2.5 mL，10%过硫酸铵（AP）100 μL，TEMED 溶液 10 μL，将各成分量取好，混合均匀，以备灌胶。

（3）灌胶。将配好的 PAGE 凝胶溶液用移液枪沿凹形玻璃一端缓缓加入，以防气泡的产生，灌胶完成后插上梳子，待半小时后胶凝固。

（4）点样及电泳。胶凝固好后，将其放入垂直电泳槽内，凹形玻璃向内侧，倒入 0.5×TBE 缓冲液于电泳槽内，刚好淹没凹形玻璃平口。点样前拔掉梳子，将 8 μL PCR 产物点入胶孔，每块胶点上 Marker 标记。接通电源，调节电压至 200 V，时间 150 min，进行电泳。

（5）染色、显影。电泳完成后，将玻璃板取下，揭去凹形玻璃，小心将胶揭下，放入染色槽中，倒入适量的染色液，染色 2～5 h，染色完成后，将胶用蒸馏水冲 2 遍，倒入显色液，轻摇至显出清晰的条带。将显好色的胶放入紫外凝胶成像仪中，观察，拍照。

（6）PAGE 凝胶电泳图上，条带与野生型一致的 PCR 产物与野生型 PCR 产物 1：1 混合，经变性、复性操作（94 ℃，3 min；42 ℃，30 min），再进行一轮 PAGE 凝胶电泳，以检测是否是纯合突变。

温馨提示

关于小片段突变体的测序，纯合的小片段突变体可以直接 PCR 产物测序；杂合突变体则需要 PCR 产物连接 T 载体，挑取多个单克隆分别测序。

七、预期实验结果

（1）转基因植株，普通 PCR 分子鉴定结果，应显示阳性植株有明显扩增条带，而阴性植株没有条带。

（2）转基因植株的 Southern Blot 的 X 射线胶片显色后，显示存在多条带或单条带，说明外源基因插入存在多拷贝和单拷贝（图 2 - 4）。

（3）过表达转基因植株的实时荧光定量分析结果，应显示过表达植株中目的基因的表达量显著高于阴性对照。

（4）CRISPR/Cas9 基因编辑转基因植株阳性苗存在大片段缺失或小片段突变的情况（图 2-5、图 2-6）。

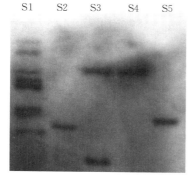

图 2-4　转基因植株 Southern Blot 分析
S1. 多拷贝　S3. 双拷贝　S2、S4、S5. 单拷贝

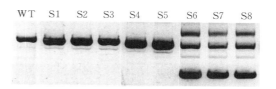

图 2-5　琼脂糖凝胶电泳检测大片段缺失突变体
（S6～S8 显示存在大片段缺失情况）

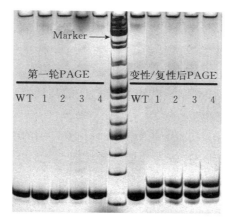

图 2-6　PAGE 凝胶检测 *HvHPT* 基因 gRNA1 靶位点的突变情况
（样本 1～4 为纯合突变）

！注意事项

（1）Southern 杂交实验中，洗膜前须将洗液通过水浴锅温浴至所需要的清洗温度后，再加到杂交瓶中洗膜。同时需要根据杂交压片后背景的强弱及信号的强弱，增加或减少清洗次数和强度。

（2）探针的制备和杂交筛选均用 Roche 公司的 DIG - High Prime DNA Labeling and Detection Starter Kit Ⅱ，从转基因的表达载体（质粒）中扩增

HPT 基因的片段，扩增出的产物用上海 Sangon 公司 DNA 分离试剂盒进行纯化，再用 Roche 公司高效地高辛 DNA 标记试剂盒（DIG - High Prime）制备探针。若探针是初次使用，取 1 μg DNA 加 ddH₂O 定容至 16 μL。即取 5 μL 0.2 μg/μL DNA，加入 11 μL ddH₂O，混匀后，稍离心，在 94～100 ℃变性 10 min，变性结束后立即置于冰上，冷却 3～5 min，随后加入 4 μL 试剂盒中标记探针的混合物，混匀后，稍离心。在 37 ℃中保温反应 1 h 至过夜，尽量长些。反应结束后可直接放入－20 ℃备用，或者将制备的探针变性后加至预热的 DIG Easy Hyb 溶液中，避免出现泡沫，小心混匀后直接用于杂交。若重复使用含探针的 DIG Easy Hyb 杂交液，需 68 ℃水浴变性 10 min，结束后迅速插入碎冰中。切不可沸水变性。倒掉预杂交液，加入杂交液，杂交过夜。杂交结束后将杂交液储存在－20 ℃的低温下，以备重复使用。一般来说制备的探针使用 5 次左右是可以的。

（3）Southern 杂交实验中将曝光后的 X 射线胶片放入显影液中显影，比较理想的 X 射线胶片曝光时间是显影 30 s 左右，可获得背景、信号强弱合适的结果。使用多次的显影液，显影的时间会相对延长。

？思考题

1. 如果 Southern Blot 最后获得的 X 射线胶片的背景很黑，请分析可能的原因。如何预防这种情况？
2. RT - qPCR 分析时常用的内参基因有哪些？作用是什么？
3. RT - qPCR 的引物设计一般要注意哪些？
4. 影响植物基因表达的因素有哪些？
5. CRISPR/Cas9 技术靶向敲除目的基因的检测方法有哪些？

参考文献

刘翠翠，2017. 大麦维生素 E 合成关键基因 HvHGGT 和 HvHPT 的敲除与鉴定 [D]. 杭州：浙江大学.
龙敏南，楼士林，杨盛昌，2010. 基因工程 [M]. 北京：科学出版社.
朱旭芬，2016. 基因工程实验指导 [M].3 版. 北京：高等教育出版社.
朱旭芬，吴敏，向太和，2014. 基因工程 [M]. 北京：高等教育出版社.
Zeng Z H，Han N，Liu C C，et al.，2020. Functional dissection of HGGT and HPT in barley vitamin E biosynthesis via CRISPR/Cas9 - enabled genome editing [J]. Annals of Botany，126（5）：929 - 942.

第三章 三叶青功能基因的克隆以及发根农杆菌介导的植物转基因

第一节 三叶青肌动蛋白基因的克隆系列实验

一、实验目的

熟练掌握 RNA 提取技术，设计合适的引物，从三叶青总 RNA 中通过 RT-PCR 技术扩增出肌动蛋白基因。

二、实验原理

克隆基因的策略可以根据某基因的清晰程度，而采取不同的策略。若已知目的基因的全序列，或部分序列，则可以根据 PCR 技术进行克隆。根据目的基因的两端序列，设计引物；同时，提取 RNA，逆转录成 cDNA，再进行 PCR 扩增，即 RT-PCR（reverse transcription-PCR）技术，其是克隆目的基因的常用方法。

肌动蛋白是单一多肽链的球状蛋白质，是真核生物中普遍存在的一种古老的蛋白质，为构成细胞骨架的主要成分，也是细胞外表形态、组织和正常生长的基础。肌动蛋白作为细胞骨架成分在植物细胞生命活动过程中具有多种生理功能。植物中肌动蛋白基因与动物及真菌肌动蛋白基因一样，属于多基因家族基因。已有大量研究表明，肌动蛋白在进化中十分保守。因此，可以依据核酸数据库中不同植物中肌动蛋白基因的序列，根据其保守区域设计 PCR 引物，克隆未知序列的某植物中的肌动蛋白基因。

三、实验课时安排

本系列实验包括：①mRNA 的提取和分析（3 学时）；②RT-PCR 扩增和分析（3 学时）。共安排 2 次实验，合计 6 学时。

四、实验材料及试剂

1. 实验材料
三叶青植株或组培苗。

2．试剂

液氮、氯仿、异丙醇、75％乙醇（用 DEPC 水配）、DEPC 水、RNase -free 水、灭菌去离子水、冰、5×RT Buffer、RNase 抑制剂（20 U/μL）、10 mmol/L dNTP Mix、M-MuLV 逆转录酶（200 U/μL）、*Taq* DNA 聚合酶（5 U/μL）、10×Buffer（含 Mg^{2+}）、dNTP（1 mmol/L）、上游引物（RAct-P1，约 100 pmol/L）、下游引物（RAct-P2，约 100 pmol/L）、Trizol 试剂或RNA 提取试剂盒（Sangon 公司）、RT-PCR 逆转录试剂盒、引物［或 Oligo（dT）$_{18}$］、琼脂糖、TAE Buffer、称量纸、药匙、量筒、锥形瓶、6×上样缓冲液（Loading Buffer）、DS 2000 DNA Marker。

五、实验用具与仪器设备

1．实验用具

手套、各级量程的枪头、Eppendorf 管、PCR 管、泡沫板、泡沫盒、加样板、各级量程的微量加样枪、研钵。

2．仪器设备

电子天平、水浴锅、分光光度计、超净工作台、DNA 扩增仪、微波炉、电泳仪、凝胶成像系统、离心机（含微量离心机）、光照培养室（箱）等。

六、实验操作步骤

（一）mRNA 的提取和分析

1．RNA 的分离

Trizol 法抽提总 RNA。

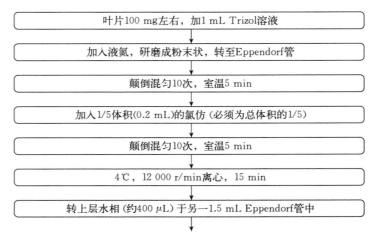

叶片100 mg 左右，加1 mL Trizol溶液

加入液氮，研磨成粉末状，转至Eppendorf管

颠倒混匀10次，室温5 min

加入1/5体积(0.2 mL)的氯仿(必须为总体积的1/5)

颠倒混匀10次，室温5 min

4℃，12 000 r/min离心，15 min

转上层水相(约400 μL)于另一1.5 mL Eppendorf管中

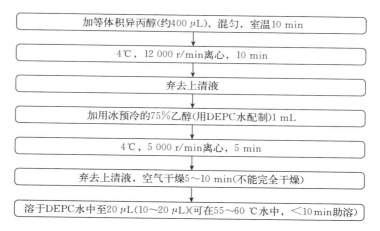

2. RNA 的定量分析

（1）测定样品在 260 nm 和 280 nm 的吸收值，可以确定 RNA 的质量（OD_{260}/OD_{280} 为 1.8～2.0 视为 RNA 纯度很高），按 1 OD_{260}＝40 μg 计算 RNA 的产率。

（2）进行甲醛变性琼脂糖凝胶电泳，可确定抽提 RNA 的完整性和 DNA 污染情况。

3. RT－PCR 引物的设计

根据 GenBank 中拟南芥、烟草、大豆和水稻的肌动蛋白基因序列（GenBank 登录号：AP002063.2、U60489.1、U60497.1、X16280.1 和 X15865.1 等），通过 Clustal W 软件（https：//www.ebi.ac.uk/Tools/msa/clustalo/）在线分析确定保守序列区域，再根据保守区段序列用 Primer 3 软件（https：//primer3.ut.ee/）在线设计引物 RAct－P1（5′－GGAGAAGATCTGGCAT-CACA－3′）和 RAct－P2（5′－CCTCCAATCCAGACACTGTA－3′），引物由上海 Sangon 公司合成。

4. 逆转录反应

（1）在超净工作台中，取 DEPC 处理的 PCR 管置于冰上，依次加入总 RNA 1 μg（2 μL），随机引物或 Oligo（dT）$_{18}$（0.5 $\mu g/\mu L$）1 μL，RNase－free 水 9 μL，总体积 12 μL，混匀，用微量离心机 3 000 r/min 离心 30 s。

（2）置 PCR 仪上 70 ℃变性 5 min，取出置冰上冷却。

（3）PCR 管置于冰上，依次加入 5×RT Buffer 4 μL，RNase 抑制剂（20 U/μL）1 μL，10 mmol/L dNTP Mix 2 μL，混匀，用微量离心机 3 000 r/min 离心 30 s。

（4）放入 PCR 仪进行 PCR，25 ℃ 5 min。取出置于冰上冷却。

（5）加入 M－MuLV 逆转录酶（200 U/μL）1 μL 至终体积 20 μL。

（6）置 PCR 仪上依次按以下条件进行 PCR：25 ℃ 10 min；42 ℃ 60 min；70 ℃ 10 min，立即放置在冰上冷却，产物 cDNA 即用于 PCR 实验或置于－20 ℃冰箱中保存。

（二）RT－PCR 扩增和分析

1. RT－PCR 反应

（1）取 PCR 管依次加入表 3－1 中的各成分。

表 3－1　RT－PCR 反应体系

成　　　分	体积（μL）
Taq DNA 聚合酶（5 U/μL）	0.5
10×Buffer（含 Mg^{2+}）	3.5
dNTP（1 mmol/L）	0.5
cDNA（约 100 μg/μL）	2.0
上游引物（RAct－P1）（约 100 pmol/L）	2.0
下游引物（RAct－P2）（约 100 pmol/L）	2.0
灭菌去离子水	24.5
总体积	35.0

用微量离心机 3 000 r/min 离心 30 s 混匀。

（2）在 PCR 仪上设置下列反应程序。94 ℃ 5 min 预变性；94 ℃ 30 s 变性，55～60 ℃ 45 s 退火，72 ℃ 45 s 延伸，共 30～35 个循环；72 ℃ 5 min 终延伸。

2. 琼脂糖凝胶电泳

取扩增产物 15 μL，加入 6×上样缓冲液（Loading Buffer）3 μL，同时用相应的 5～8 μL DS 2000 或 100 bp Ladder DNA 分子质量标准物（Marker），进行 1.2%琼脂糖凝胶电泳，电压 90～120 V，30～60 min。

3. 紫外分析仪观察、数码照相

在紫外透视仪或凝胶成像系统下，观察有无特异性扩增带，并照相记录。

七、预期实验结果

提取的总 RNA 及 RT－PCR 结果见图 3－1 和图 3－2。

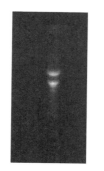

图 3-1　提取的总 RNA

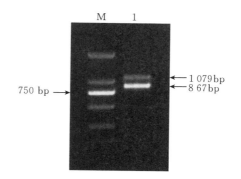

图 3-2　RT-PCR 结果

M. DS2000 DNA Marker　1. 扩增出的肌动蛋白基因

⚠ 注意事项

1. 提取 RNA 可以选用 RNA 抽提试剂盒，如上海 Sangon 公司、天根公司等生产的试剂盒。操作参考试剂盒的说明书进行。

2. 实验材料可根据实验室的情况选定，可选拟南芥、水稻、黄瓜等作为实验材料。扩增肌动蛋白的引物还可设计为 RAct-P3（AGGACAATGTT-GCCATAGAG）和 RAct-P4（TTCTACAACGAGCTTCGAGT）。针对实验材料拟南芥、水稻、黄瓜、烟草、矮牵牛、菊花、三叶青、温郁金等植物，上述设计的 2 对引物可通用，均能扩增出相应的肌动蛋白基因片段。

3. 克隆的基因可以选择其他功能基因，如扩展蛋白基因等。

❓ 思考题

1. 某同学对提取的总 RNA 进行琼脂糖凝胶电泳后，肉眼看到大小不同的 3 条带，认为这 3 条带分别是 mRNA、rRNA 和 tRNA。某同学的观点正确吗？

2. 在实验过程中，提取的 RNA 有 DNA 污染，如何处理？如何防止提取的 RNA 降解？

3. RT-PCR 扩增某基因的结果中，若扩增出现了大小不同的 2 条清晰的条带，试分析可能产生的原因。

参考文献

黄连香，宋亚玲，向太和，等，2015. 三叶青两个肌动蛋白基因片段的克隆及其分析 [J]. 杭州师范大学学报（自然科学版），14（4）：51-55.

宋亚玲，向太和，武盼，等，2016.三叶青扩展蛋白家族基因全长 cDNA 的克隆及其生物
　信息学和表达分析 [J].中草药，47（5）：810－815.

朱旭芬，2016.基因工程实验指导 [M].3 版.北京：高等教育出版社.

第二节　发根农杆菌介导三叶青转基因
毛状根的诱导和繁殖系列实验

一、实验目的

了解并掌握利用发根农杆菌进行植物转基因技术的原理和方法，以及转基因植物筛选和鉴定的基本过程。

二、实验原理

农杆菌是普遍存在于土壤中的一类革兰氏阴性细菌，它在自然条件下侵染大多数双子叶植物和部分单子叶植物。农杆菌主要分为：发根农杆菌（*Agrobacterium rhizogenes*）和根癌农杆菌（*Agrobacterium tumefaciens*）两种类型，发根农杆菌可在植物受侵染的部位诱导产生毛状根。发根农杆菌介导的转基因，其原理是发根农杆菌 Ri 质粒（root inducing plasmid）上的 T－DNA（transferred DNA）插入植物细胞基因组中，T－DNA 上的 *rol*（root loci）系列基因起作用，从而诱导产生不定根，即毛状根。将目的基因插入经过改造的 T－DNA 区域，借助发根农杆菌的侵染，从而实现外源基因向植物细胞的转移和整合。

三、实验课时安排

本系列实验包括：①转基因表达载体的构建（基因可以是功能基因，或标记基因，如 *gfp*)(6 学时)；②发根农杆菌的繁殖及其对三叶青叶片的侵染（3 学时)；③植物转基因不定根的诱导、繁殖（3 学时）。共安排 4 次实验，合计 12 学时。

四、实验材料及试剂

1. 实验材料

三叶青组培苗或实生苗、发根农杆菌 K599。

2. 试剂

MS 液体培养基、MS＋0.4 mg/L NAA 固体培养基、MS＋0.4 mg/L NAA＋25 mg/L AS（乙酰丁香酮）固体培养基、MS＋500 mg/L Cef（头孢霉素）液体培养基、MS＋0.4 mg/L NAA＋500 mg/L Cef 固体培养基、B5＋0.5 mg/L 6‑BA＋0.5 mg/L KT 继代培养基、MS＋250～500 μg/mL Cef 固体培养基、MS 固体培养基、YEP 或 LB 培养基、LB＋50 mg/L Str（链霉素）液体培养基、25 mg/mL 乙酰丁香酮、头孢霉素、链霉素、10％漂白粉、无菌水等。

五、实验用具与仪器设备

1. 实验用具

各级量程的枪头、接种针、封口膜、1.5 mL 无菌离心管、100 mL 锥形瓶、镊子、解剖刀、各级量程的微量加样枪、剪刀、吸水纸、培养皿、黑布等。

2. 仪器设备

分光光度计、恒温摇床、离心机、超净工作台、光照培养室（箱）等。

六、实验操作步骤

1. 农杆菌的活化

（1）从－80 ℃冰箱取出发根农杆菌 K599，划线培养于含有相应抗生素的固体 LB 或 YEP 培养基平板中。

（2）培养 2～3 d 后，平板长出单菌落。

（3）挑取单菌落于 LB＋50 mg/L Str 液体培养基中，28 ℃，200 r/min 过夜培养。取 1 mL 菌液于 1.5 mL 无菌离心管中，2 000 r/min，离心 1 min，去除上清液。用 MS 液体培养基悬浮菌体，将其转移至 100 mL 锥形瓶中，用 MS 液体培养基（含 25 mg/L 乙酰丁香酮）将其稀释至 OD_{600} 约为 0.1，作为侵染菌液使用。

2. 发根农杆菌介导的植物遗传转化

（1）植物材料来源可以是温室栽培苗或是无菌试管苗，前者在转化前需用 10％漂白粉处理 10 min，再用无菌水冲洗 3 次。无菌试管苗可以直接选取叶片作为转基因的受体材料。

（2）用灭菌的剪刀将三叶青无菌苗叶片剪成长约 1 cm 的方块，用灭菌的解剖刀在其表面划出伤口，接种至 MS＋0.4 mg/L NAA 固体培养基上预培养

2～4 d。

（3）将预培养后的三叶青叶片置于提前制备好的发根农杆菌侵染液中，25 ℃，90 r/min 振荡培养 10 min。使用无菌的吸水纸将三叶青叶片表面的菌液吸干，接种于 MS＋0.4 mg/L NAA＋25 mg/L AS 固体培养基上，遮光共培养 2～3 d，培养时间长短根据叶片状态和农杆菌繁殖状况而定。

（4）在三叶青外植体伤口周围有白色的菌斑长出后，将叶片置于 MS＋500 mg/L Cef 液体培养基中，25 ℃，100 r/min 振荡除菌 40 min，之后用无菌水漂洗 4～6 次。

（5）用无菌吸水纸吸干叶片表面液体，之后将其接种于 MS＋0.4 mg/L NAA＋500 mg/L Cef 固体培养基上培养，直至其长出毛状根。

（6）在毛状根长至 2 cm 左右时，将其剪掉，接种于 B5＋0.5 mg/L 6 - BA＋0.5 mg/L KT 继代培养基上。每个月更换一次继代培养基，逐渐降低培养基中抗生素的浓度，经过多次继代培养后彻底杀灭农杆菌，培养基中不再添加 Cef。

（7）大约两周后毛状根从伤口部位长出，待长到约 1 cm 后切下放置在 MS＋500 mg/L Cef 液体培养基中培养。

（8）2～3 周，培养基的表面都长满毛状根。

（9）1 个月后，用镊子夹取少量繁殖的毛状根，在 MS＋500 mg/L Cef 液体培养基中进行继代培养。经过 3 次继代培养后，可除去毛状根中残存的发根农杆菌，即可转入不含 Cef 的 MS 固体培养基上进行繁殖培养。

七、预期实验结果

发根农杆菌 K599 侵染三叶青叶片诱导形成毛状根及毛状根繁殖情况见图 3 - 3。

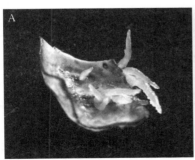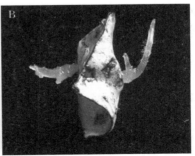

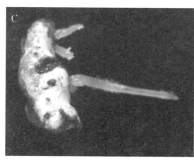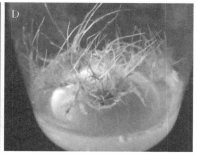

图 3-3 发根农杆菌 K599 侵染三叶青叶片诱导形成毛状根及毛状根的繁殖

A、B、C. 叶片诱导出的毛状根 D. 繁殖的毛状根

！注意事项

1. 用发根农杆菌进行转基因的菌种除选用 K599 外，还可以选择其他菌种，如 A4、R1205、R1601、R1000 等。

2. 若有需要，培养基可以选用 B5 培养基代替 MS 用于毛状根的繁殖，毛状根的繁殖速度更佳。

3. 若有需要，可利用毛状根进行再生，繁殖除菌后的毛状根可在诱导培养基上诱导愈伤，进一步在再分化培养基中诱导芽和根的再生。

4. 可以选择黄瓜、大豆、烟草、矮牵牛、菊花、凤仙花、温山药等不同的植物材料，使用发根农杆菌 K599 侵染外植体，侵染方法同三叶青（图 3-4）。

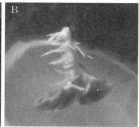

图 3-4 侵染不同植物外植体诱导毛状根

A. 黄瓜子叶 B. 矮牵牛叶片 C. 菊花叶片

5. 可以选择植物的实生苗，使用发根农杆菌 K599 活体侵染叶片，也可诱导出毛状根（图 3-5）。

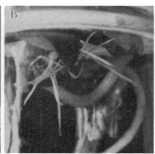

图 3 - 5　发根农杆菌 K599 直接侵染活体植株诱导毛状根

A. 盆钵中种植的黄瓜实生苗上胚轴诱导出毛状根　B. 大豆组培苗子叶诱导出毛状根　C. 温山药组培苗叶腋诱导出毛状根

？思考题

1. 植物转基因技术有哪些？它们的基本原理是什么？

2. 通过哪些措施可提高发根农杆菌对植物细胞的侵染率？

3. 毛状根有哪些遗传学特征？形态上与普通根有什么区别？

4. 发根农杆菌 K599 侵染植物叶片后，在叶片上生长出来的不定根是不是都是转基因的毛状根？如何鉴定？

参考文献

曹庆丰，向太和，孟莎莎，等，2012. 长期培养的黄瓜毛状根中外源基因遗传稳定性分析 [J]. 园艺学报，39（8）：1583 - 1588.

孟莎莎，向太和，王琳，2010. 黄瓜多抗自交系 NC - 46 转基因不定根的高频诱导及其 cDNA 文库的构建 [J]. 园艺学报，37（4）：567 - 574.

王琳，向太和，2009. 矮牵牛 *F3′,5′H* 全长 cDNA 的克隆及花特异启动子介导表达载体的构建 [J]. 热带亚热带植物学报，17（4）：358 - 364.

向太和，王利琳，庞基良，等，2005. 发根农杆菌 K599 对大豆、黄瓜和凤仙花活体感染生根的研究 [J]. 遗传（5）：783 - 786.

向太和，王琳，蒋欢，等，2011. 发根农杆菌 K599 对菊花活体转化及其高效再生 [J]. 园艺学报，38（7）：1365 - 1370.

徐纪明，向太和，2008. 含 *gfp* 植物转基因表达载体的构建及在矮牵牛转基因不定根中的高效表达 [J]. 遗传，30（8）：1069 - 1074.

Du S R，Xiang T H，Song Y L，et al.，2015. Transgenic hairy roots of *Tetrastigma hemsleyanum*：induction，propagation，genetic characteristics and medicinal components ［J］. Plant Cell，Tissue and Organ Culture，122（2）：373 – 382.

Jin T，Zhang C，Wang K，et al.，2019. *In vitro* plant regeneration and hairy roots induction in *Dioscorea alata*（cultivar Wenshanyao）［J］. International Journal of Agriculture and Biology，22（4）：693 – 696.

Xiang T H，Wang S S，Wu P，et al.，2016. Cucumopine type *Agrobacterium rhizogenes* K599（NCPPB2659）T – DNA mediated plant transformation and its application［J］. Bangladesh Journal of Botany，45（4）：935 – 945.

Xiang T H，Xu Z，Zhu X，et al.，2020. The induction of polyploid hairy roots in *Petunia hybrida* using root transformation of *Agrobacterium rhizogenes* K599 and colchicine［J］. International Journal of Agriculture and Biology，24（4）：651 – 654.

Zhang D X，Xiang T H，Li P H，et al.，2011. Transgenic plants of *Petunia hybrida* harboring the *CYP2E1* gene efficiently remove benzene and toluene pollutants and improve resistance to formaldehyde［J］. Genetics and Molecular Biology，34（4）：634 – 639.

第三节　三叶青转 *gfp* 基因毛状根鉴定和分析的系列实验

一、实验目的

掌握利用分子生物学手段对获得的转基因再生植株进行鉴定和分析，具体包括：①掌握利用 PCR 技术，以及分子杂交技术对转基因植株进行鉴定；同时利用分子杂交技术明确转基因植株中含有的外源基因的拷贝数。②掌握利用 Western Blot、显微观察等方法对转基因再生植株进行外源基因的表达分析。

二、实验原理

转化成功的转基因植物或组织器官（如毛状根、转基因的愈伤组织），外源目的基因插入整合到其细胞基因组中，因此，可以通过核酸检测技术来判断外源基因是否真实地转入植物细胞中。PCR 扩增和分子杂交技术是核酸水平检测转基因植物的常用方法。PCR 检测依据转入的外源基因的序列，设计 PCR 引物，特异性地扩增外源目的基因的片段来对转基因样本进行检测。

此外，提取待测植物样本的基因组 DNA，用限制性核酸内切酶酶切后，经琼脂糖凝胶电泳将所得的 DNA 片段按分子质量大小分离，将 DNA 片段经虹吸作用（即 Southern 转膜）转移并固定于固相杂交膜上。再用标记的目的基因 DNA 探针与杂交膜上的靶 DNA 杂交，洗去多余探针，经放射性自显影或显色反应确定杂交膜上是否存在目的基因的条带，以及条带的位置和丰度，即通过 Southern Blot 分子杂交技术检测转基因植物。

另一方面，若转入的外源基因正常表达，则可以通过检测表达的蛋白质或蛋白质表达的特殊外观特征来确定转基因植物。Western Blot 是检测外源基因正常表达的有效方法之一。首先提取待测样本的总蛋白质，经 SDS 聚丙烯酰胺凝胶电泳使蛋白质按照分子质量大小分离；将分离的各蛋白质条带原位转移到固相膜上；再加入目的基因的特异性抗体（一抗），最后通过第二抗体上标记的化合物的性质进行检测。根据检测的结果，可判断被检测的植物细胞内是否表达出了目的蛋白质，以及表达的蛋白质的浓度高低和分子质量大小。

三、实验课时安排

本系列实验包括：①转基因再生植株的 PCR 鉴定（3 学时）；②转基因再生植株的 Southern Blot 分子杂交鉴定（6 学时）；③Western Blot 检测转基因再生植株 gfp 基因的表达（6 学时）。共安排 5 次实验，合计 15 学时。

四、实验材料及试剂

1. 实验材料

转基因毛状根。

2. 试剂

植物基因组 DNA 提取试剂盒（Sangon 公司）、DIG - High Prime DNA Labeling and Detection Starter Kit Ⅱ（Roche 公司）、蛋白质抽提试剂盒（Roche 公司）、1∶1 000 兔源抗 GFP 抗体或肌动蛋白（广谱）Actin 抗体（Cell Singal Technology 公司）、1∶500 HRP -羊抗兔 IgG（二抗）、TAE Buffer、Taq DNA 聚合酶、dNTP、PCR 引物、琼脂糖、溴化乙锭（EB）、DS 2000 DNA Marker、EcoR Ⅰ核酸内切酶、ddH$_2$O、冰、Maleic acid（马来酸，即顺丁烯二酸）、NaCl、0.3%（V/V）Tween - 20、NaOH、0.1 mol/L Tric - HCl、2×SSC（含 0.1% SDS 溶液）、0.5×SSC（含 0.1% SDS 溶液）、显影液、定影液、15%分离胶、5%浓缩胶、5%脱脂牛奶等。

五、实验用具与仪器设备

1. 实验用具

泡沫盒、加样板、称量纸、药匙、量筒、锥形瓶、杂交瓶、杂交膜、保鲜膜、PCR 管、50 mL 离心管、PVDF 膜、各级量程的微量加样枪、研钵等。

2. 仪器设备

电子天平、微波炉、离心机、DNA 扩增仪、电泳仪、凝胶成像系统、蔡司（Zeiss）多功能显微镜（型号 Axio imager）、超净工作台、光照培养室（箱）、恒温水浴锅、分子杂交仪、转膜仪、暗室等。

六、实验操作步骤

（一）转基因再生植株的 PCR 鉴定

1. 根据 *gfp* 基因序列（GenBank 登录号 U17997）设计 PCR 引物，进行 PCR 扩增，检测目的基因。同时，根据质粒 pRi2659 上 T - DNA 所含有的 *rolA*、*rolB* 和 *rolC* 序列（GenBank 登录号 EF433766）设计 PCR 引物，进行 PCR 扩增，检测与毛状根形态建成有关的基因。引物序列见表 3 - 2，引物由上海 Sangon 公司合成。

表 3 - 2　PCR 扩增引物序列

引物名称	引物序列（5'→3'）	PCR 产物长度（bp）
gfp - P1	GTCAGTGGAGAGGGTGAAGG	538
gfp - P2	AAAGGGCAGATTGTGTGGAC	
rolA - P1	GCTCGTTGTCTCCGACCTAT	215
rolA - P2	GGTCTGAATATTCCGGTCCA	
rolB - P1	GCCAGCATTTTTGGTGAACT	703
rolB - P2	GGCACTGAACTTGCCGTTAT	
rolC - P1	ATGGCGGAATTTGACCTATG	433
rolC - P2	TTAGTTCCATCTGCCCATCC	

2. 提取转基因毛状根的基因组 DNA

同第二章第三节实验操作步骤第一步中"转基因植株提取基因组 DNA"。

3. 进行 PCR 扩增

PCR 扩增反应体积为 35 μL，其中包括 2 μL 0.1 mmol/L 的 dNTP 混合

物，$2\ \mu L$ 10 pmol/L 的 PCR 引物，2 U *Taq* DNA 聚合酶和约 50 ng 基因组 DNA。

用 DNA 扩增仪进行扩增反应。PCR 反应程序为：94 ℃ 5 min 变性，之后按 94 ℃ 45 s、55 ℃ 45 s、72 ℃ 90 s 的设置进行 30 个循环，反应结束后在 72 ℃下延伸 10 min，随后于 4 ℃保存备用。扩增产物在 1.2%琼脂糖凝胶上电泳 1.5 h（5 V/cm），溴化乙锭（EB）染色，用 Bio/Rad 凝胶成像系统观察并拍照记录。

扩增结果中，*gfp* 以及 *rolA*、*rolB* 和 *rolC* 基因的引物能分别扩增出预期大小约 540 bp、220 bp、700 bp 和 430 bp 的片段（图 3 - 6A、B、C 和 D）；而对照野生型的毛状根能扩增出 *rolA*、*rolB* 和 *rolC* 基因片段，但无 *gfp* 基因片段；非转基因实生苗的根未扩增出任何条带。

（二）转基因再生植株的 Southern Blot 分子杂交鉴定

1. 转膜

大量提取转基因毛状根的基因组 DNA，选用 *Eco*R I 核酸内切酶对基因组 DNA 进行酶切后转膜。

2. 探针的制备

（1）从转基因的表达载体（质粒）中扩增 *gfp* 基因的片段，扩增出的产物用上海 Sangon 公司 DNA 分离试剂盒进行纯化，再用 Roche 公司高效地高辛 DNA 标记试剂盒（DIG High Prime）制备探针。

（2）取 1 μg DNA 加 ddH$_2$O 定容至 16 μL。即取 5 μL 0.2 $\mu g/\mu L$ DNA，加入 11 μL ddH$_2$O，混匀后，稍离心，在 94～100 ℃下变性 10 min，变性结束后立即置于冰上，冷却 3～5 min，随后加入 4 μL 试剂盒中标记探针的混合物（Vial 1），混匀后，稍离心。

注意：Vial 1 在使用前需混匀所含试剂，并稍离心。

（3）在 37 ℃中保温反应 1 h 至过夜，时间尽量长一些。反应结束后可直接放入－20 ℃冰箱备用，或者将制备的探针变性后直接用于杂交。

3. 杂交筛选

（1）提前备好 ddH$_2$O，加 64 mL 无菌水（分两次加入）到颗粒粉状的 DIG Easy Hyb（bottle 7）中，可在 37 ℃中搅拌，以助溶解。若已加过水，则可储存于 4 ℃冰箱中，直接使用。并配制下列 3 种溶液，需随时注意溶液是否用完并及时配制。

① Washing Buffer：0.1 mol/L Maleic acid（马来酸，即顺丁烯二酸），0.15 mol/L NaCl、0.3%（*V/V*）Tween - 20，pH 7.5。

② Maleic acid Buffer：0.1 mol/L Maleic acid，0.15 mol/L NaCl，用固体 NaOH 调 pH 7.5。

③ Detection Buffer：0.1 mol/L Tris - HCl，0.1 mol/L NaCl，pH 9.5。

（2）在杂交瓶中，加入 DIG Easy Hyb（bottle 7）10～20 mL。预热至预杂交温度后，放入杂交膜。具体加多少 DIG Easy Hyb 可视杂交瓶和杂交膜的大小而定，以完全覆盖住杂交膜为准，可尽量少用，以便节省试剂。在分子杂交仪中，42 ℃、40 r/min 预杂交至少 30 min。预杂交温度需要根据实验的结果适当调整。

（3）将标记的探针在 100 ℃ 条件下变性 5 min，变性后立即置于冰上放置 3 min。随后吸取 10 μL 直接加入预杂交液中，轻轻混匀，避免产生气泡，随后在与预杂交相同的温度和转速条件下杂交过夜。

若是使用曾用过的探针（已在 Hyb 溶液中）进行新的杂交，在杂交前请于 68 ℃ 保温变性 15 min 后，再直接加至杂交瓶进行新的杂交反应。

（4）杂交结束后，将含探针的 Hyb 倒入 50 mL 离心管中，储存于 −20 ℃ 冰箱中可反复使用数次。一般来说制备的探针使用 5 次左右是可以的。

4. 洗膜

（1）用 2×SSC（含 0.1% SDS）溶液在 15～25 ℃ 洗膜 2 次，每次 5 min。

（2）用 0.5×SSC（含 0.1% SDS）溶液在 65～68 ℃ 洗膜 2 次，每次 15 min。

温馨提示

注意：①洗膜前须将洗液通过水浴锅温浴至所需要的清洗温度后，再加到杂交瓶中洗膜；②需要根据杂交压片后，背景的强弱、信号的强弱来增加或减少清洗的次数和强度。

5. 荧光显色

（1）用 20 mL Washing Buffer 在 25～50 ℃ 下洗膜 1～5 min。

（2）用 50 mL Blocking Solution［取 5 mL 10×Blocking Solution（Vial 6），加 45 mL Maleic acid Buffer（即稀释 10 倍）］在 25～50 ℃ 下温孵杂交膜 30 min。

（3）用 20 mL Antibody Solution［取 20 mL 1×Blocking Solution 加 2 μL Anti - Digoxigenin - AP（Vial 4）］在 25～50 ℃ 下反应 30 min。

（4）用 50 mL Washing Buffer 在 25～50 ℃ 下清洗 2 次，每次 15 min。

（5）用 20 mL Detection Buffer 在 25～50 ℃下平衡 5 min。

（6）将杂交膜平整放在保鲜膜上，不留气泡，加 1 mL CSPD（bottle 5）至杂交膜上，让 CSPD 均匀覆盖整张杂交膜，然后折叠保鲜膜，盖住杂交膜。在 25～50 ℃下放置 5 min。

（7）挤去杂交膜上多余的液体，再封住保鲜膜四周。

（8）将杂交膜在 37 ℃下放置 10 min，以提高发光反应。

（9）在暗室压 X 射线胶片，曝光 5～20 min。具体压多长时间需根据 X 射线胶片显色后背景的强弱及杂交信号的强弱来定。

6. 暗室洗片

（1）将曝光后的 X 射线胶片放入显影液中显影。比较理想的 X 射线胶片曝光时间是显影 30 s 左右，可获得背景、信号强弱合适的结果（若用多次使用的显影液，显影的时间会相对延长）。

（2）将 X 射线胶片转入清水中稍洗，再转入定影液中定影 5 min 以上。

（3）将 X 射线胶片用清水冲洗干净，最好用流水冲洗，尽可能时间长一些，以洗除药液。

（4）晾干后的显示杂交结果的 X 射线胶片用于分析（图 3-7）。

（三）Western Blot 检测转基因再生植株 *gfp* 基因的表达

利用 Roche 公司蛋白抽提试剂盒抽提毛状根总蛋白质，用 Bradford 法进行蛋白质定量，配制 15% 聚丙烯酰胺凝胶（分离胶）和 5% 聚丙烯酰胺凝胶（浓缩胶），调节各泳道总蛋白质上样量均为 12 μg，按常规方法进行 SDS-PAGE 变性电泳。利用湿式电转膜法将蛋白质印迹在 PVDF 膜上。依次经 5% 脱脂牛奶封闭，加 1∶1 000 兔源抗 GFP 抗体或肌动蛋白（广谱）Actin 抗体作为内参对照（一抗，美国 Cell Singal Technology 公司）以及 1∶500 HRP-羊抗兔 IgG（二抗），杂交结果进行 X 射线胶片曝光显色（图 3-8）。

（四）荧光观察鉴定

用蔡司（Zeiss）多功能显微镜（型号 Axio imager）在蓝色激发光下（滤光片 FITC）对转 *gfp* 基因的毛状根进行荧光观察，在可见光下进行形态观察，并拍照记录（图 3-9）。

七、预期实验结果

（一）PCR 鉴定结果

转基因再生植株的 PCR 鉴定结果见图 3-6。

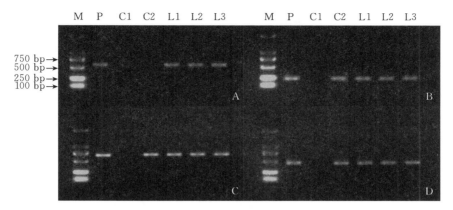

图 3-6　PCR 鉴定结果

　　A. *gfp* 基因引物扩增的结果　B. *rolA* 基因引物扩增的结果　C. *rolB* 基因引物扩增的结果
D. *rolC* 基因引物扩增的结果　M. DNA Marker　P. 转基因表达载体质粒　C1. 三叶青实生苗的根
C2. 野生型毛状根　L1、L2 和 L3. 转 *gfp* 基因的 3 个不同毛状根根系

（二）Southern Blot 分子杂交鉴定结果

　　转基因再生植株的 Southern Blot 分子杂交鉴定结果见图 3-7。

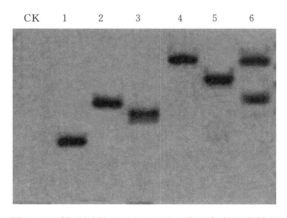

图 3-7　转基因的 Southern Blot 分子杂交鉴定结果

CK. 对照非转基因植株　1、2、3、4、5、6. 不同转基因株系

（三）Western Blot 结果和荧光观察结果

　　Western Blot 检测转基因再生植株 *gfp* 基因的表达结果见图 3-8。荧光
观察结果见图 3-9。

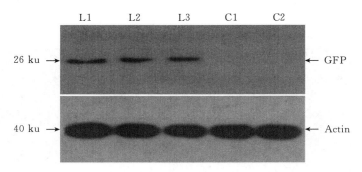

图 3 - 8 Western Blot 分析

L1、L2、L3. 转 gfp 基因毛状根的 3 个不同根系　C1. 实生苗的根　C2. 野生型毛状根

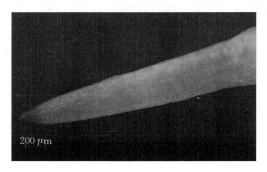

图 3 - 9 荧光显微观察转 gfp 基因的毛状根

⚠ 注意事项

1. 可根据转入的目的基因制备和订购其对应的抗体。

2. Southern Blot 技术中，也可以采用同位素标记探针。

3. 若实验室有激光共聚焦显微镜，用其观察转 gfp 基因的毛状根所发出的绿色荧光，则观察的效果更佳。

❓ 思考题

1. 如果转基因再生植株进行 PCR 鉴定时，没有扩增出任何条带，或者转基因植株和非转基因植株都扩增出了条带，试分析可能的原因。

2. 除本系列实验中使用的 PCR 鉴定方法外，你还知道哪些种类的 PCR 技术？是否可以用于鉴定转基因植物样本？

3. Southern Blot 除可鉴定检测的样本中是否含有目的基因外，还可鉴定目的基因在基因组中的拷贝数，为什么？

4. 如果获得的转基因再生植株，经 PCR 扩增和 Southern Blot 杂交鉴定均为阳性，但 Western Blot 却没有检测到特异的蛋白质条带，试分析可能的原因。

参考文献

曹庆丰，向太和，孟莎莎，等，2012. 长期培养的黄瓜毛状根中外源基因遗传稳定性分析 [J]. 园艺学报，39（8）：1583 - 1588.

李佩菡，向太和，谢军，等，2012. 转哺乳动物 *cyp2e1* 基因烟草植株再生及其分析 [J]. 生物工程学报，28（10）：1195 - 1204.

向太和，徐纪明，王琳，等，2011. 矮牵牛中查尔酮合成酶基因 A（*chsA*）2 个启动子的克隆和分析 [J]. 生物化学与生物物理进展，38（1）：75 - 83.

朱旭芬，2016. 基因工程实验指导 [M]. 3 版. 北京：高等教育出版社.

Du S R, Xiang T H, Song Y L, et al., 2015. Transgenic hairy roots of *Tetrastigma hemsleyanum*: induction, propagation, genetic characteristics and medicinal components [J]. Plant Cell, Tissue and Organ Culture, 122（2）：373 - 382.

Xiang T H, Wang S S, Wu P, et al., 2016. Cucumopine type *Agrobacterium rhizogenes* K599 (NCPPB2659) T - DNA mediated plant transformation and its application [J]. Bangladesh Journal of Botany, 45（4）：935 - 945.

Zhang D X, Xiang T H, Li P H, et al., 2011. Transgenic plants of *Petunia hybrida* harboring the *CYP2E1* gene efficiently remove benzene and toluene pollutants and improve resistance to formaldehyde [J]. Genetics and Molecular Biology, 34（4）：634 - 639.

02

动 物 篇

第四章 基因工程改造哺乳动物细胞

第一节 转基因动物的检测系列实验

一、实验目的

1. 了解基因组 DNA 的用途。
2. 理解提取基因组 DNA 的原理。
3. 掌握提取动物组织 DNA 的实验操作方法。
4. 掌握构建和繁衍转基因小鼠的过程。
5. 理解转基因动物基因型检测的原理。
6. 掌握检测动物基因型的实验操作方法。

二、实验原理

在检测转基因动物的基因型，或者检测动物是否发生基因突变时，首先需要提取动物的基因组 DNA。动物的 DNA 在细胞核内，与 RNA、蛋白质、脂类和糖类物质形成复合体。制备 DNA 主要包括以下 4 个要点：第一，利用 SDS 破坏富含脂质成分的细胞膜和核膜，使蛋白质变性，离析染色体，释放核酸；第二，利用高浓度盐使蛋白质和多糖等杂质沉淀；第三，利用 EDTA 抑制 DNA 酶活性，防止 DNA 被降解；第四，利用蛋白酶 K 降解蛋白质，异丙醇析出 DNA，70％乙醇清洗杂质分子，以提高 DNA 纯度。

转基因小鼠构建的基本过程：将外源基因克隆到合适的质粒载体上→利用限制性内切酶将携带外源基因的质粒线性化→显微注射线性化质粒到小鼠胚胎干细胞内→将转基因的胚胎干细胞注射到孕鼠囊胚内代孕→幼崽出生后，检测幼崽的基因型→挑选转基因后代进行交配，繁殖转基因后代。因此，在转基因制备和繁育转基因小鼠的过程中，涉及基因型检测的操作。

比较简易高效的基因型检测方法：设计外源基因的特异引物，通过 PCR 法检测转基因小鼠后代是否携带该基因。

三、实验的课时安排

本系列实验包括：①小鼠细胞 DNA 的提取（3 学时）；②PCR 检测转基

因小鼠基因型（3 学时）。共安排 2 次实验，合计 6 学时。

四、实验材料及试剂

1. 实验材料
小鼠。

2. 试剂
Tris‐HCl、NaCl、EDTA、SDS、异丙醇、70%乙醇、蛋白酶 K、ddH$_2$O、引物、2×Taq Master Mix（含 Taq DNA 聚合酶、反应缓冲液、dNTPs、Mg^{2+}、小分子染料；康为世纪生物技术有限公司）、TAE 缓冲液（50×配方：Tris 242 g、冰乙酸 57.1 mL、EDTA 18.612 g，用 NaOH 调 pH 至 8.0，使用时用 ddH$_2$O 稀释成 1×）、Gel‐Green（北京索莱宝科技有限公司）、琼脂糖（生工生物工程股份有限公司）、DNA Marker DL1000（Takara）等。

五、实验用具与仪器设备

1. 实验用具
各级量程的微量加样枪、各级量程的枪头、加样板、1.5 mL 离心管、冰盒、锥形瓶、称量纸、药匙、量筒、PCR 管等。

2. 仪器设备
干/水浴锅、振荡器、离心机、Nanodrop 分光光度计、PCR 仪、电子天平、微波炉、水平电泳仪、稳压器、凝胶扫描仪等。

六、实验操作步骤

（一）小鼠细胞 DNA 的提取
（1）按如下配方制备动物组织裂解液（表 4-1）。

表 4-1 动物组织裂解液

浓度	成分
100 mmol/L	Tris‐HCl（pH 8.5）
200 mmol/L	NaCl
5 mmol/L	EDTA
0.2%	SDS
0.2 mg/mL	蛋白酶 K

（2）剪 1~2 mm 小鼠的尾巴或者脚趾，放入 1.5 mL 离心管中，加入 100 μL

组织裂解液，55 ℃干/水浴 2 h，其间 0.5～1 h 振荡并查看组织裂解情况，组织振碎即可。

（3）13 000 r/min 离心 3 min，取 50 µL 上清液到新的离心管中，加 50 µL 异丙醇，振荡混匀。

（4）13 000 r/min 离心 3 min，析出的 DNA 沉淀于离心管底部，去除上清液。

（5）用 400 µL 70%乙醇轻柔清洗试管，倒掉上清液（注意不要倒掉底部的白色沉淀），吸干剩余液体，室温干燥 15 min。

（6）用 75 µL ddH$_2$O 溶解 DNA，用 Nanodrop 分光光度计检测 DNA 浓度，于−20 ℃保存。

（二）PCR 检测转基因小鼠基因型

（1）本实验检测转 *Iba 1 - tTA* 基因小鼠的后代是否具备外源基因 *Iba 1 - tTA*，按步骤（一）提取小鼠基因组 DNA 后，按照如下配方制备反应体系（表 4 - 2）。

表 4 - 2　PCR 反应体系

试剂	15 µL 反应体系	终浓度
2×*Taq* Master Mix	7.5 µL	1×
正向引物，10 µmol/L（Iba1552U）	1 µL	0.4 µmol/L
反向引物，10 µmol/L（mtTA24 L）	1 µL	0.4 µmol/L
DNA 模板	1 µL	<0.5 µg
ddH$_2$O	4.5 µL	

（2）装有反应体系的 PCR 管在室温下 2 000 r/min 离心 30 s 后，放入 PCR 仪，按照如下程序扩增目的片段（表 4 - 3）。

表 4 - 3　PCR 反应程序

程序	温度（℃）	时间	循环数
预变性	94	2 min	1
变性	94	30 s	
退火	55～65	30 s	25～35
延伸	72	30 s	
终延伸	72	2 min	1

注意：其中退火温度由引物特性决定，延伸时间由扩增片段的长度和所用 DNA 聚合酶的效率决定，本实验所用的 *Taq* DNA 聚合酶扩增效率是每 30 s 1 000 bp。

（3）PCR 反应过程中，用 TAE 制备 1%琼脂糖凝胶，胶内加入 1 μL Gel - Green。

注意：琼脂糖凝胶的浓度由扩增片段的大小决定，1%的胶可区分 500～10 000 bp 之间相差 100 bp 的 DNA 片段。

（4）PCR 完成后，在不同的琼脂糖凝胶上样孔内注入不同的样品或 DL1000，在注满 TAE 的电泳槽内进行电泳，电压＜20 V/cm。

七、预期实验结果

根据 DL1000 的标准条带指示，能区分目的基因片段大小的时候停止电泳。随后在凝胶扫描仪中，用紫外线观测样本的目的条带（380 bp）是否出现，若有目的条带，则是转基因小鼠（如图 4-1 样品 1、5、7、8、12）；若没有目的条带，则是野生型小鼠（如图 4-1 样品 2、3、4、6、9、10、11）。

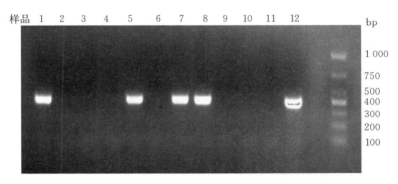

图 4-1 基因型（*Iba 1 - tTA*）鉴定结果

!注意事项

1. 如果组织块较大，DNA 含量高，细胞裂解中加异丙醇析出的 DNA 会呈现白色沉淀，实验过程中能看到，方便操作；如果组织块较小，DNA 含量较低，异丙醇析出的 DNA 将不易呈现，之后在去除上清液和加/去清洗液的过程中，要尽量轻柔和小心，不要将试管底部的 DNA 吸走或倒掉。另外，制备的 DNA 可能存在 RNA 污染，但由于 RNA 不稳定，易被内源和外源的 RNA 酶降解，因此实验中不需要添加 RNA 酶。

2. PCR 法检测基因型的关键是引物的设计，从组织中提取的基因组 DNA 成分复杂，要根据目的基因的特点，设计特异性引物，且扩增的片段尽量在 100～1 000 bp 内，可以提高检测的效率和重复性，以便对转基因小鼠后代的基因型进行检测。

？思考题

    1. 纯化的 DNA 能否长时间储存在室温或者 4 ℃？

    2. 转基因小鼠近亲交配了 3 代，其后代一定携带外源基因吗？转基因小鼠和野生型小鼠交配了 5 代，其后代还会携带外源基因吗？

参考文献

刘甦苏，左琴，周舒雅，等，2014. 模式小鼠总 DNA 三种提取方法比较 [J]. 中国比较医学杂志，24（7）：45 - 50.

Kumar T R，Larson M，Wang H，et al.，2009. Transgenic mouse technology：principles and methods [J]. Methods Mol Biol，590：335 - 362.

Tanaka K F，Matsui K，Sasaki T，et al.，2012. Expanding the repertoire of optogenetically targeted cells with an enhanced gene expression system [J]. Cell Rep，2（2）：397 - 406.

第二节　小鼠肌肉组织 cDNA 文库的构建

一、实验目的

    1. 理解从动物组织中获得 cDNA 的原理。

    2. 了解 cDNA 文库的用途。

    3. 掌握提取动物组织 RNA 的操作方法。

    4. 掌握构建 cDNA 文库的操作方法。

二、实验原理

    构建基因克隆的第一步是从表达目的基因的细胞或组织中获得基因的表达序列，常用的方法是逆转录目的基因的 mRNA，以获得基因的 cDNA。环境中存在 RNA 酶，在提取和储存过程中，RNA 分子易被降解，因此 RNA 提取过程中，用变性剂 DEPC 使 RNA 酶失活，并用氯仿除去蛋白质和细胞碎片等杂质，从而得到高纯度的 RNA，然后利用逆转录酶和引物 Olig（dT），以 RNA 中的 mRNA 为模板，构建更稳定的 cDNA 文库，方便储存样本表达的所有基因（其中包括目的基因）。

三、实验课时安排

本系列实验具体包括：①提取小鼠肌肉组织的 RNA（3 学时）；②构建 cDNA 文库（3 学时）。共安排 2 次实验，合计 6 学时。

四、实验材料及试剂

1. 实验材料

小鼠。

2. 试剂

液氮、Trizol、氯仿、异丙醇、75% 乙醇、0.1% DEPC 水、Olig（dT）Primer、逆转录试剂盒（包含试剂：M-MLV 5×Buffer、10 mmol/L dNTP Mixture、RNase Inhibitor、M-MLV RT；Promega）等。

五、实验用具与仪器设备

1. 实验用具

各级量程的微量加样枪、各级量程的枪头、加样板、研磨器、冰盒、电子天平、1.5 mL 离心管、PCR 管（耗材均需经高温灭菌和 DEPC 水处理以抑制 RNA 酶活性）等。

2. 仪器设备

干/水浴锅、低温离心机、振荡器、Nanodrop 分光光度计、PCR 仪等。

六、实验操作步骤

（一）提取小鼠肌肉组织的 RNA

（1）颈椎脱臼法处死小鼠，从其四肢剪切适量肌肉组织，放入研磨器内，并倒入适量液氮，将速冻的组织研磨成粉末，并倒入 1.5 mL 离心管中。

（2）称量组织碎末，每 50 mg 组织加 1 mL Trizol，剧烈振荡后，室温放置 5 min。

（3）4 ℃，12 000 r/min 离心 10 min，上清液移至新的 1.5 mL 离心管中。

（4）每毫升 Trizol 加入 0.2 mL 氯仿，迅速摇动 15 s，室温放置 2~3 min。

（5）4 ℃，12 000 r/min 离心 10 min，上清液移至新的 1.5 mL 离心管中。

（6）每毫升 Trizol 加入 0.5 mL 异丙醇，充分混匀，室温放置 10 min。

（7）4 ℃，12 000 r/min 离心 10 min，呈白色胶状的 RNA 沉淀于离心管底部。

（8）去除上清液，加入 1 mL 75％乙醇（体积比，用 0.1％ DEPC 水配制）清洗 RNA 沉淀。

（9）4 ℃，7 500 r/min 离心 5 min，去除 75％乙醇，室温干燥后，加入 30～50 μL 0.1％ DEPC 水，放置干/水浴锅内，55～65 ℃溶解 RNA 沉淀。

（10）用 Nanodrop 分光光度计检测 RNA 溶液浓度。

（二）构建 cDNA 文库

（1）向 PCR 管中加 2 μg RNA、1 μL Olig（dT）Primer，并添加 0.1％ DEPC 水至 16.75 μL，放入 PCR 仪内 70 ℃ 5 min，打开模板链形成的二级结构，之后立即从 PCR 仪中取出放置在冰盒中 2～3 min，防止二级结构恢复。

（2）在 PCR 管中添加逆转录反应试剂：5 μL M‐MLV 5×Buffer、1.25 μL 10 mmol/L dNTP Mixture、1 μL RNase Inhibitor、1 μL M‐MLV RT。

（3）将逆转录反应体系放置于 PCR 仪内，37 ℃反应 60 min，合成 cDNA 文库，−20 ℃保存。

七、预期实验结果

后续基因克隆实验，能够利用特异性引物，从成功构建的 cDNA 文库中扩增出小鼠肌肉表达的基因，比如在骨骼肌中表达丰富的 *ACTA1*（全称 *actin alpha 1*）。

！注意事项

1. 提取 RNA 的实验操作中要用到挥发性和刺激性气味的有机试剂，需要在通风橱中进行，以确保实验人员的安全。

2. RNA 易被环境中的 RNA 酶降解，实验前需提前备好去 RNA 酶的耗材，或者将所用耗材浸泡于 0.1％ DEPC 水中处理，以抑制 RNA 酶活性；实验前还需在操作的通风橱里喷洒用 0.1％ DEPC 水配制的 75％酒精，以防实验过程中 RNA 被降解。

？思考题

1. 将提取出的 mRNA 逆转录成 cDNA，比单纯储存 mRNA 的优势是什么？

2. 要克隆哺乳动物的基因，应该从基因组 DNA 中扩增，还是从 cDNA 文库中扩增？

参考文献

Chen J，Xie J，Jiang Z，et al.，2011. Shikonin and its analogs inhibit cancer cell glycolysis by targeting tumor pyruvate kinase‐M2［J］. Oncogene，30（42）：4297‐4306.

Rio D C，Ares M Jr，Hannon G J，et al.，2010. Purification of RNA using Trizol（Tri reagent）［J］. Cold Spring Harb Protoc，6：pdb. prot5439.

第三节　鼠源基因 *ACTA1* 转基因表达载体构建的系列实验

一、实验目的

1. 学习从网络基因数据库中搜索基因序列的方法和基因克隆相关软件的操作；掌握 PCR 克隆基因过程中设计特异性引物的方法。

2. 理解限制性内切酶在基因工程中的用途和重组基因的原理，并掌握重组基因的方法。

3. 理解细菌转化的原理，掌握细菌转化的实验操作，理解重组 DNA 扩增的原理。

4. 掌握提取质粒的实验操作，理解利用限制性内切酶验证重组基因的原理，理解 PCR 法验证重组基因的原理，理解基因测序的基本原理，掌握验证重组基因的基本方法。

二、实验原理

（1）基因 *ACTA1*（全称 *actin alpha 1*）在骨骼肌内表达丰度高，适合从肌肉 cDNA 文库中扩增该基因。成功构建的小鼠肌肉 cDNA 文库，包含样本表达的所有基因，要从中获得目的基因，需要设计特异性引物，用 PCR 法扩增该基因。为了将目的基因克隆到质粒载体上，可能需要分别在上下游引物增加限制性酶切位点，为了保证引物的特异性，设计好的引物要在网络 cDNA 数据库中比对，判断其可行性，然后向生物技术公司定制引物，最后利用特异性引物扩增的产物，经过凝胶电泳，切割相应分子质量的产物条带，进行纯化以获得目的基因扩增片段。

（2）通过特异性引物，从 cDNA 文库中扩增了在 5′和 3′端携带两个限制性酶切位点的目的基因，其片段结构是：$5'$-保护碱基＋限制性酶切位点 1＋ *ACTA1* cDNA＋限制性酶切位点 2＋保护碱基-$3'$，其中限制性酶切位点 1 和限制性酶切位点 2 分别在质粒 pIRES 的 MCS 位点的上游和下游，要将 *ACTA1* 重组到 pIRES 内，利用 2 种限制性内切酶分别在 PCR 产物和 pIRES 上切出特异的两个端口，再利用 DNA 连接酶将相同末端的两个 DNA 片段连接，以达到重组的目的。

（3）为了验证和扩增携带目的基因的重组质粒，用于后续研究，需要将重组产物转化到细菌细胞内，经细菌高效发酵，产生大量重组质粒。大肠杆菌 DH5α 缺乏对外源 DNA 的免疫机制，是基因工程中常用的宿主。本实验将对数生长期的 DH5α 置于 0 ℃、$CaCl_2$ 低渗溶液中，细胞膨胀成球形，细胞膜通透性改变，称为易于接受外源 DNA 的感受态细胞，外源 DNA 分子在此条件下与 Ca^{2+} 结合形成抗 DNA 酶的羟基-钙磷酸复合物，黏附在细菌表面，经 42 ℃ 短暂热激处理，使细胞膜通透性增大，促进细胞吸收 DNA 复合物，再迅速将孵育 DNA 的感受态细胞置于冰上，使细胞膜冷缩，阻止进入细胞的 DNA 溢出，达到转化的目的。

（4）质粒 pIRES - GFP 含有原核细胞特异启动子以启动卡那霉素抗性基因（$Kana^r$）的表达，因此可用含卡那霉素的培养基来筛选转化了 pIRES - *ACTA1* 的细菌，并发酵产生大量重组质粒。目前很多商业化的试剂盒，能够从细菌内提取纯度很高的质粒，其原理为：①SDS - 碱裂解法裂解细菌；②裂解液高盐、低 pH，当离心滤过吸附柱内的硅基质膜时，DNA 与硅基质结合，富集 DNA；③再通过去蛋白液和漂洗液将杂质和其他细菌成分除去；④最后低盐、高 pH 的洗脱缓冲液将纯净质粒 DNA 从硅基质膜上洗脱。为了后续质粒转染哺乳动物细胞实验顺利进行，选择能去除内毒素的质粒提取试剂盒，防止内毒素伤害哺乳动物细胞。

（5）通常可用两种方法初步验证纯化的质粒中是否含有目的基因 *ACTA1*：一种是酶切法，即利用限制性内切酶，剪切 *ACTA1* 接入的限制性位点，再将剪切产物电泳，观测是否存在 1.15 kb（*ACTA1*）和 4.9 kb（pIRES）的条带；另一种是 PCR 法，即以纯化的质粒为模板，利用 *ACTA1* 特异性引物扩增，通过电泳 PCR 产物，观测是否扩增出 1.15 kb 的 DNA（*ACTA1*）。任选以上两种方法中的一种，初步验证了基因 *ACTA1* 成功重组到 pIRES 的多克隆位点，但尚不能确定克隆 *ACTA1*、重组和扩增质粒的过程中，*ACTA1* 是否发生突变，因此重组质粒还应当送到生物技术公司，进行基因测序，确保后续研究所用的质粒内 *ACTA1* 无突变。

基因测序的基本原理是 Sanger 双脱氧链终止法，即利用 DNA 聚合酶来延伸结合在待定序列模板上的引物，直到掺入一种链终止核苷酸（ddNTP）为止，由于不同 ddNTP 的碱基后面分别进行不同的荧光标记，产生以 A、T、C、G 结束的四组不同长度的一系列核苷酸，然后在尿素变性的 PAGE 胶上进行电泳检测，从而获得可见 DNA 碱基序列的一种方法。

三、实验课时安排

本系列实验包括：①设计引物、扩增和纯化 *ACTA1* cDNA（3 学时）；②重组质粒 pIRES‐*ACTA1*（3 学时）；③热激法介导 pIRES‐*ACTA1* 转化大肠杆菌 DH5α（3 学时）；④扩增和纯化质粒 pIRES‐*ACTA1*（3 学时）；⑤验证 pIRES‐*ACTA1*（3 学时）。共安排 5 次实验，合计 15 学时。

四、实验材料及试剂

1. 实验材料
小鼠肌肉组织 cDNA 文库（详见第四章第二节）。

2. 试剂
ACTA1 引物、2×GoldStar Best Master Mix（含染料）（含高保真 DNA 聚合酶、反应缓冲液、dNTPs、Mg^{2+}、小分子染料；康为世纪生物技术有限公司）、ddH$_2$O、TAE 缓冲液（50×配方：Tris 242 g、冰乙酸 57.1 mL、ED‐TA 18.612 g，用 NaOH 调 pH 至 8.0，使用时用 ddH$_2$O 稀释成 1×）、Gel‐Green（北京索莱宝科技有限公司）、琼脂糖（生工生物工程股份有限公司）、DNA Marker DL2000（Takara）、DNA Marker DL5000（Takara）、琼脂糖凝胶 DNA 回收试剂盒（康为世纪生物技术有限公司）、Quick Cut Enzyme Kit（含限制性内切酶和快切反应缓冲液；Takara）、DNA Ligation Kit（Takara）、LB 液体培养基（胰蛋白胨 10 g/L、酵母提取物 5 g/L、氯化钠 10 g/L、pH 7.0～7.4）、LB 固体培养基（LB 液体培养基加 10～15 g/L 琼脂粉）、CaCl$_2$、15% 无菌甘油、卡那霉素、异丙醇、Endo‐free 质粒提取试剂盒（康为世纪生物技术有限公司）等。

五、实验用具与仪器设备

1. 实验用具
各级量程的微量加样枪、各级量程的枪头、加样板、锥形瓶、称量纸、药匙、量筒、冰盒、无菌干滤纸、2 mL/1.5 mL 离心管、PCR 管、500 mL 烧杯、摇菌管、培养皿、接种针、封口膜等。

2. 仪器设备

微波炉、电泳仪、电子天平、干/水浴锅、离心机、低温离心机、涡旋振荡器、细菌培养箱、超净工作台、PCR 仪、摇床等。

六、实验操作步骤

（一）设计引物、扩增和纯化 *ACTA1* cDNA

（1）在网页 https://www.ncbi.nlm.nih.gov/nuccore 中搜索：Mus musculus actin alpha 1，查找其 cDNA 序列。

（2）利用软件 DNASTAR 分析 *ACTA1* cDNA 序列上的限制性酶切位点，找出其将要插入的质粒载体 pIRES-GFP 的多克隆位点（MCS）中（图 4-2），适合用于 *ACTA1* 接入的位点。

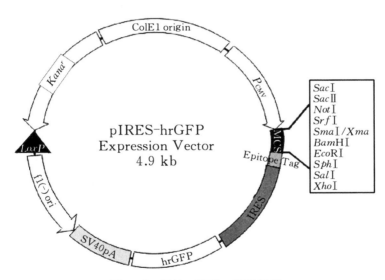

图 4-2 质粒 pIRES-GFP 示意

（3）设计扩增 *ACTA1* 的上下游引物，其中上游引物结构是 5′-限制性位点 1 保护碱基＋限制性位点 1 序列＋cDNA 前 20～30 bp 序列-3′；下游引物结构是 5′-限制性位点 2 保护碱基＋限制性位点 2 序列＋cDNA 后 20～30 bp 序列的反向互补序列-3′。

（4）将设计好的引物填入网站 https://blast.ncbi.nlm.nih.gov/Blast.cgi 中，通过 Primer-BLAST 进行比对，预测其在小鼠 cDNA 库内能否特异性扩增出 *ACTA1*，核实后，将引物序列发往生物科技公司合成引物。

（5）利用 2×GoldStar Best Master Mix Kit，通过 PCR 法从 cDNA 文库中扩增 *ACTA1* cDNA，反应体系见表 4-4。

表 4-4　PCR 反应体系

试　　剂	50 μL 反应体系	终浓度
2×GoldStar Best Master Mix（含染料）	25 μL	1×
正向引物，10 μmol/L	2 μL	0.4 μmol/L
反向引物，10 μmol/L	2 μL	0.4 μmol/L
模板 DNA	1 μL	<0.5 μg
ddH₂O	20 μL	

（6）PCR 反应程序见表 4-5。

表 4-5　PCR 反应程序

程序	温度（℃）	时间	循环数
预变性	95	10 min	1
变性	94	30 s	
退火	55～65	30 s	30～40
延伸	72	60 s	
终延伸	72	5 min	

注意：其中退火温度由引物特性决定，延伸时间由扩增片段的长度和所用 DNA 聚合酶的效率决定，本实验所用的 GoldStar Best DNA 聚合酶扩增效率是 1 000 bp/min。

（7）PCR 反应过程中，用 TAE 制备 1%琼脂糖凝胶，胶内加入 1 μL Gel-Green。

注意：琼脂糖凝胶的浓度由扩增片段的大小决定，1%的胶可区分 500～10 000 bp 之间相差 100 bp 的 DNA 片段。

（8）PCR 完成后，在不同的琼脂糖凝胶上样孔内注入不同的样品或 DL2000，在注满 TAE 的电泳槽内进行电泳，电压<20 V/cm。根据 DL2000 的标准条带指示，能区分目的基因片段大小的时候停止电泳，在凝胶扫描仪中，用紫外线观测并切割目的条带（约 1.15 kb）。

（9）将 DNA 条带从琼脂糖凝胶中切下（尽量切除多余部分），放入干净的离心管（自备）中，称量计算凝胶重量（提前记录离心管重量）。

（10）向胶块中加入 1 倍体积的 Buffer PG。

（11）50 ℃水浴温育，其间每隔 2～3 min 温和地上下颠倒离心管，待溶胶液变为黄色，以确保胶块充分溶解。如果还有未溶的胶块，可再补加一些溶胶液或继续放置几分钟直至胶块完全溶解。

（12）柱平衡。向已装入收集管的吸附柱（Spin Columns DM）中加入 200 μL Buffer PS，13 000 r/min（约 16 200×g）离心 1 min，倒掉收集管中的废液，将吸附柱重新放回收集管中。

（13）将步骤（3）所得溶液加至已装入收集管的吸附柱中，室温放置 2 min，13 000 r/min 离心 1 min，倒掉收集管中的废液，将吸附柱放回收集管中。

注意：吸附柱容积为 750 μL，若样品体积大于 750 μL，可分批加入。

（14）向吸附柱中加入 450 μL Buffer PW（使用前请先检查是否已加入无水乙醇），13 000 r/min 离心 1 min，倒掉收集管中的废液，将吸附柱放回收集管中。

（15）重复步骤（14）。

（16）13 000 r/min 离心 1 min，倒掉收集管中的废液。

注意：这一步的目的是将吸附柱中残余的乙醇去除，乙醇的残留会影响后续的酶促反应（酶切、PCR 等）。

（17）将吸附柱放到一个新的 1.5 mL 离心管（自备）中，向吸附膜中间位置悬空滴加 50 μL Buffer EB，室温放置 2 min。之后 13 000 r/min 离心 1 min，收集 DNA 溶液，用 Nanodrop 分光光度计检测 DNA 浓度。－20 ℃保存 DNA。

（二）重组质粒 pIRES－ACTA1

1. 酶切 DNA（用快切酶）

（1）酶切反应体系见表 4-6。

表 4-6　酶切反应体系

试　　剂	10 μL 反应体系
10×QuickCut Green Buffer	1 μL
线性或质粒 DNA	<1 μg
QuickCut Enzyme 1	1 μL
QuickCut Enzyme 2	1 μL
ddH$_2$O	补充至 10 μL

（2）酶切反应程序：37 ℃，20 min。

（3）最后 70 ℃，15 min 使酶失活。

（4）酶切反应过程中，用 TAE 制备 1%琼脂糖凝胶，胶内加入 1 μL Gel-Green。

注意：琼脂糖凝胶的浓度由扩增片段的大小决定，1%的胶可区分 500～10 000 bp 间相差 100 bp 的 DNA 片段。

（5）酶切完成后，在不同的琼脂糖凝胶上样孔内注入不同的样品或 DL5000，在注满 TAE 的电泳槽内进行电泳，电压＜20 V/cm。根据 DL5000 的标准条带指示，能区分目的基因片段大小的时候停止电泳，在凝胶扫描仪中，用紫外线观测并切割目的条带（*ACTA1* 约 1.15 kb，pIRES 约 4.9 kb）。

2. 纯化酶切产物（利用琼脂糖凝胶 DNA 回收试剂盒）

（1）将 DNA 条带从琼脂糖凝胶中切下（尽量切除多余部分），放入干净的离心管（自备）中，称量计算凝胶重量（提前记录离心管重量）。

（2）向胶块中加入 1 倍体积的 Buffer PG。

（3）50 ℃水浴温育，其间每隔 2～3 min 温和地上下颠倒离心管，待溶胶液变为黄色，以确保胶块充分溶解。如果还有未溶的胶块，可再补加一些溶胶液或继续放置几分钟直至胶块完全溶解。

（4）柱平衡。向已装入收集管中的吸附柱（Spin Columns DM）中加入 200 μL Buffer PS，13 000 r/min（约 16 200×*g*）离心 1 min，倒掉收集管中的废液，将吸附柱重新放回收集管中。

（5）将步骤（3）所得溶液加至已装入收集管的吸附柱中，室温放置 2 min，13 000 r/min 离心 1 min，倒掉收集管中的废液，将吸附柱放回收集管中。

注意：吸附柱容积为 750 μL，若样品体积大于 750 μL，可分批加入。

（6）向吸附柱中加入 450 μL Buffer PW（使用前请先检查是否已加入无水乙醇），13 000 r/min 离心 1 min，倒掉收集管中的废液，将吸附柱放回收集管中。

（7）重复步骤（6）。

（8）13 000 r/min 离心 1 min，倒掉收集管中的废液。

注意：这一步的目的是将吸附柱中残余的乙醇去除，乙醇的残留会影响后续的酶促反应（酶切、PCR 等）。

（9）将吸附柱放到一个新的 1.5 mL 离心管（自备）中，向吸附膜中间位置悬空滴加 50 μL Buffer EB，室温放置 2 min。之后 13 000 r/min 离心 1 min，收集 DNA 溶液，用 Nanodrop 分光光度计检测 DNA 浓度。－20 ℃ 保存 DNA。

3. 重组 pIRES－*ACTA1*（DNA Ligation Kit）

（1）将 20 ng *ACTA1* 和 100 ng pIRES 混合，然后加入等体积的 Solution Ⅰ（内含 T4 DNA 连接酶），干/水浴锅内 16 ℃ 反应 30 min。

（2）连接产物可－20 ℃ 保存。

（三）热激法介导 pIRES－*ACTA1* 转化大肠杆菌 DH5α

1. 制备感受态细胞

（1）取－70 ℃ 冰冻菌种 DH5α，用划线法接种细菌于培养皿上，做好标记，于 37 ℃ 培养过夜。

（2）从平板上挑取单个菌落，接种至含有 5 mL LB 液体培养基的试管中，37 ℃，200～300 r/min，振荡培养过夜。次日取菌液 1 mL 接种至 100 mL LB 液体培养基中，37 ℃，200～300 r/min，振荡培养 2～3 h。

（3）当菌液 OD_{600} 值达到 0.3～0.4 时，将锥形瓶取出放置冰上 10～15 min。把菌液倒入无菌的 50 mL 离心管中。4 ℃，5 000 r/min，离心 10 min。弃去上清液，将离心管倒置于干滤纸上 1 min，吸干残留的培养液。加 10 mL 0.1 mol/L $CaCl_2$ 到离心管中，振荡混匀，悬浮菌体，冰浴 30 min。

（4）4 ℃，4 000 r/min，离心 10 min，弃去上清液，将管倒置于干滤纸上 1 min，吸干残留的培养液。加 4 mL 冰预冷的 0.1 mol/L $CaCl_2$，重新悬浮菌体。每管 0.2 mL 分装，至 4 ℃ 保存备用，24～48 h 内使用效果最佳。若暂时不用，可加入 15% 无菌甘油，－70 ℃ 保存。

2. 热激法转化细菌

（1）取一管感受态细胞（0.2 mL），加入实验步骤（二）获得的连接产物，轻轻旋转混合，冰上放置 30 min，使 DNA 与 Ca^{2+} 形成复合体，附着在细胞膜上。

（2）42 ℃，热激 90 s，冰浴 2 min。

（3）加入 800 μL LB 液体培养基，37 ℃，120 r/min，振摇 1 h，帮助感受态细胞恢复活性。

（4）室温，3 000 r/min，离心 5 min，弃去大部分上清液，仅留 50～100 μL 用于轻轻吹打悬浮沉淀细胞，并涂布于含卡那霉素（50 μg/mL）的 LB 固体培养基平皿上，室温放置使液体吸收。

（5）37 ℃，平皿倒置培养 12～16 h，观察细菌的克隆。

（四）扩增和纯化质粒 pIRES - *ACTA1*

1. 扩增质粒

从实验步骤（三）获得结果的平板上挑取单个菌落，接种至 5 mL 含卡那霉素（50 μg/mL）的 LB 液体培养基中，37 ℃，200～300 r/min，振荡培养过夜。

2. 提取质粒

（1）将菌液加入离心管中，13 000 r/min，离心 30 s 收集菌体，尽量吸净上清液。

（2）向留有菌体沉淀的离心管中加入 250 μL Buffer P1（请先检查是否已加入 RNase A），使用移液枪或涡旋振荡器充分混匀，悬浮细菌沉淀。

注意：如果菌块未彻底混匀，将会影响裂解效果，导致提取量和纯度偏低。

（3）向离心管中加入 250 μL Buffer P2，温和地上下颠倒混匀 8～10 次，使菌体充分裂解，室温放置 3～5 min。此时溶液应变得清亮黏稠。

注意：温和混匀，不要剧烈振荡，以免打断基因组 DNA，造成提取的质粒中混有基因组 DNA 片段。若溶液未变清亮，则可能菌量过大，裂解不彻底，应减少菌体量。

（4）向离心管中加入 250 μL Buffer E3，立即上下颠倒混匀 8～10 次，此时出现白色絮状沉淀，室温放置 5 min。13 000 r/min，离心 5 min，吸取上清液，将上清液加入过滤柱（Endo - Remover FM）中，13 000 r/min，离心 1 min 过滤，滤液收集在离心管（自备）中。

注意：Buffer E3 加入后应立即混匀，避免产生局部沉淀。

（5）向滤液中加入 225 μL 异丙醇，上下颠倒混匀。

（6）柱平衡。向已装入收集管的吸附柱（Spin Columns DM）中加入 200 μL Buffer PS，13 000 r/min，离心 1 min，倒掉收集管中的废液，将吸附柱重新放回收集管中。

（7）将步骤（5）中滤液与异丙醇的混合溶液转移到平衡好的吸附柱（已装入收集管）中。

（8）13 000 r/min，离心 1 min，倒掉收集管中的废液，将吸附柱重新放回收集管中。

注意：吸附柱的最大容积为 750 μL，若样品体积大于 750 μL，可分批加入。

（9）向吸附柱中加入 750 μL Buffer PW（请先检查是否已加入无水乙醇），13 000 r/min，离心 1 min，倒掉收集管中的废液。

（10）将吸附柱重新放回收集管中，13 000 r/min，离心 1 min。

注意：这一步的目的是将吸附柱中残余的乙醇去除，乙醇的残留会影响后续的酶促反应（酶切、PCR 等）。

（11）将吸附柱置于一个新的收集管中，向吸附膜的中间部位加入 50～100 μL Endo‐free Buffer EB，室温放置 2～5 min，13 000 r/min，离心 2 min，将质粒溶液收集到离心管中，用 Nanodrop 分光光度计检测 DNA 浓度和纯度。－20 ℃保存质粒。

（五）验证 pIRES‐ACTA1

1. 酶切 DNA 验证重组质粒（用快切酶）

（1）酶切反应体系见表 4‐7。

表 4‐7　酶切反应体系

试　　剂	10 μL 反应体系
10×QuickCut Green Buffer	1 μL
质粒 DNA	<1 μg
QuickCut Enzyme 1	1 μL
QuickCut Enzyme 2	1 μL
ddH$_2$O	补充至 10 μL

（2）酶切反应程序：37 ℃，20 min。

（3）最后 70 ℃，15 min 使酶失活。

（4）酶切反应过程中，用 TAE 制备 1%琼脂糖凝胶，胶内加入 1 μL Gel‐Green。

（5）酶切完成后，在不同的琼脂糖凝胶上样孔内注入不同的样品或 DL5000，在注满 TAE 的电泳槽内进行电泳，电压<20 V/cm。根据 DL5000 的标准条带指示，能区分目的基因片段大小的时候停止电泳，在凝胶扫描仪中，用紫外线观测目的条带（ACTA1 约 1.15 kb，pIRES 约 4.9 kb）。

2. PCR 验证重组质粒（利用 2×GoldStar Best Master Mix Kit）

（1）PCR 法从 pIRES‐ACTA1 中扩增 ACTA1 cDNA，反应体系见表 4‐8。

表 4‐8　PCR 反应体系

试　　剂	50 μL 反应体系	终浓度
2×GoldStar Best Master Mix（含染料）	25 μL	1×
正向引物，10 μmol/L	2 μL	0.4 μmol/L
反向引物，10 μmol/L	2 μL	0.4 μmol/L
模板 DNA	1 μL	<0.5 μg
ddH$_2$O	20 μL	

（2）PCR 反应程序见表 4-9。

表 4-9　PCR 反应程序

程序	温度（℃）	时间	循环数
预变性	95	10 min	1
变性	94	30 s	
退火	55～65	30 s	30～40
延伸	72	60 s	
终延伸	72	5 min	1

注意：其中退火温度由引物特性决定，延伸时间由扩增片段的长度和所用 DNA 聚合酶的效率决定，本实验所用的 GoldStar Best DNA 聚合酶扩增效率是 1 000 bp/min。

（3）PCR 反应过程中，用 TAE 制备 1% 琼脂糖凝胶，胶内加入 1 μL Gel-Green。

（4）PCR 完成后，在不同的琼脂糖凝胶上样孔内注入不同的样品或 DL2000，在注满 TAE 的电泳槽内进行电泳，电压＜20 V/cm。根据 DL2000 的标准条带指示，能区分目的基因片段大小的时候停止电泳，在凝胶扫描仪中，用紫外线观测目的条带（约 1.15 kb）。

3. DNA 测序

用以上一种方法初步鉴定正确后，将重组质粒发往生物技术公司测序，测序所用引物为 pIRES 多克隆位点两端引物，不可用扩增 *ACTA1* cDNA 的引物，否则 *ACTA1* cDNA 两端 10～20 bp 检测不准确。

七、预期实验结果

（1）从 cDNA 文库中扩增 *ACTA1*，通过 PCR 产物电泳结果判断设计的引物是否具有特异性，正确的目的条带约 1.15 kb。

（2）重组质粒 pIRES-*ACTA1* 构建是否正确，通过以下指标判断。

① 质粒与基因片段连接产物转化细菌后，涂布在 LB 固体培养基上培养，培养基内添加卡那霉素（50 μg/mL），转化成功的细菌表达抗性基因（Kana^r），能够增殖产生细菌克隆（图 4-3）。

② 细菌单克隆在 LB 液体培养基发酵后（含卡那霉素 50 μg/mL），提取菌内质粒进行酶切法检测，DNA 序列电泳后，得到 1.15 kb（*ACTA1*）和 4.9 kb（pIRES）两条条带；或 PCR 检测，DNA 序列电泳后，得到 1.15 kb（*ACTA1*）条带。

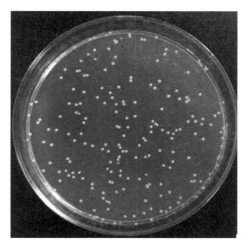

图 4-3 在 LB 固体培养基上生长的细菌克隆

③ 将质粒送往生物技术公司测序，利用软件 MegAlign 比对测序结果，判断质粒内克隆的序列是否与 *ACTA1* cDNA 序列（如下）吻合：

ATGTGCGACGAAGACGAGACCACCGCTCTTGTGTGTGACAACGGCTCTGGCCTGGTG
AAAGCTGGCTTTGCCGGGGATGATGCCCCCAGGGCTGTGTTCCCATCCATCGTGGGCC
GACCCCGTCACCAGGGTGTCATGGTAGGTATGGGTCAGAAGGACTCCTACGTGGGTGA
TGAGGCCCAGAGCAAGCGAGGTATCCTGACCCTGAAGTACCCCATTGAACATGGCATC
ATCACCAACTGGGACGACATGGAGAAGATCTGGCACCACACCTTCTACAATGAGCTGC
GTGTGGCCCCTGAGGAGCACCCGACTCTGCTCACCGAGGCCCCCCTGAACCCCAAAG
CTAACCGGGAGAAGATGACTCAAATCATGTTTGAGACCTTCAACGTGCCTGCCATGTAT
GTGGCTATCCAGGCGGTGCTGTCCCTCTATGCTTCCGGCCGTACCACCGGCATCGTGTT
GGATTCTGGGGACGGTGTCACCCACAACGTGCCCATCTATGAGGGCTATGCCCTGCCA
CACGCCATCATGCGTCTGGACCTGGCCGGTCGCGACCTCACTGACTACCTGATGAAAA
TCCTCACTGAGCGTGGCTATTCCTTCGTGACCACAGCTGAACGTGAGATTGTGCGCGA
CATCAAAGAGAAGCTGTGCTATGTGGCCCTGGACTTCGAGAATGAGATGGCCACCGCT
GCCTCTTCCTCCTCCCTGGAGAAGAGCTATGAGCTGCCCGACGGGCAGGTCATCACCA
TCGGCAATGAGCGTTTCCGTTGCCCGGAGACGCTCTTCCAGCCTTCCTTTATCGGTATG
GAGTCTGCGGGGATCCATGAGACCACCTACAACAGCATCATGAAGTGCGACATCGACA
TCAGGAAGGACCTGTATGCCAACAACGTCATGTCAGGGGGCACCACCATGTACCCTGG
TATCGCTGACCGCATGCAGAAGGAGATCACAGCTCTGGCTCCCAGCACCATGAAGATC
AAGATCATCGCCCCCCCTGAGCGCAAGTACTCAGTGTGGATCGGTGGCTCCATCCTGG
AAGATCATCGCCCCCCCTGAGCGCAAGTACTCAGTGTGGATCGGTGGCTCCATCCTGG
CCCCTCCATTGTGCACCGCAAATGCTTCTAG

⚠ 注意事项

1. 经查询，小鼠 *ACTA1* cDNA 序列长度为 1.134 kb，其序列中包含

BamHⅠ和SphⅠ两个酶切位点，pIRES-GFP 的 MCS 中有 8 个限制性酶切位点可供选择，应尽量选择相隔较远的两个位点作为 $ACTA1$ 的接入点，并且要注意两个位点的顺序，防止接反序列。

2. 克隆目的基因的 PCR 需要用到高保真 DNA 聚合酶及相关试剂，以降低扩增产物的突变率。

3. 依靠连接相同的限制性酶切位点，连接不同的 DNA，是重组 DNA 的常用方法之一，目前很多生物技术公司生产了各种重组 DNA 的产品，比如利用线性化质粒 $3'$-T 和 PCR 产物 $3'$-A 的 T-A 连接，利用同源重组酶和连接 DNA 片段内同源序列的无缝连接等。在重组 DNA 时，可依据实验需求和实验室条件，选择高效且经济的方法。

4. 感受态 DH5α 细菌很脆弱，加入质粒后，要轻轻旋转混合，禁止剧烈振荡或吹打。

5. 42 ℃水浴 90 s，时间和温度要准确，中途不能摇动离心管。

6. 无菌操作要严格，防止外界细菌污染。

7. 细菌铺板密度不能过高，倒置培养时间不能过长（12～16 h），否则不同克隆会发生粘连。

8. Nanodrop 分光光度计以 OD_{260} 检测质粒浓度，不同实验组间相互比较，浓度高的组，其主观原因是操作规范；其客观原因是所挑克隆的细菌里面质粒的拷贝数高。若浓度低，原因则相反。

9. 检测结果中的 OD_{260}/OD_{280} 值，代表 DNA 与蛋白质浓度比值。比值＞1.8，说明 DNA 纯度高；比值＜1.8，说明 DNA 被蛋白质污染，操作不够规范。

10. 在实验室中通过酶切法和 PCR 法检测重组质粒，是初步的检测，主要判断目的基因是否真正重组进质粒载体的多克隆位点内，不能作为判断基因是否突变的依据。克隆基因的过程中，即便使用了高保真的 DNA 聚合酶，也不能确保 PCR 过程中一定不突变；另外，在质粒转化细菌后，生物发酵的过程中，也有小概率的突变可能。因此后续研究之前，必须进行基因测序，检测目的基因的序列，确保之后的研究结果不是由目的基因的突变引起的。

? 思考题

1. 如果引物能从 cDNA 文库中扩增出 2 个以上序列，这对引物还能用于扩增目的基因片段吗？

2. 同一人、同一时间，规范操作的情况下，从同一块卡那霉素 LB 培养板中挑出不同细菌克隆，分别在含有同样培养基的不同摇菌管中，在同一个摇床中发酵，最后提取的质粒浓度和纯度是否相同？

3. 如果质粒的 MCS 限制性位点不适用于基因 DNA，该如何改良实验流程？

4. 转化实验中，在含卡那霉素的选择性培养基上实验组出现菌落，但没有转质粒的阴性对照组也有菌落出现，试分析其原因。

5. 实验步骤（四）提取的质粒如果混合了原质粒（pIRES - GFP）和重组质粒（pIRES - ACTA1），酶切法和 PCR 法能检测出来吗？为什么？

参考文献

翁玉根，吉玉辉，孙怀昌，等，2012. 自身启动子控制的卡那霉素抗性基因在哺乳动物细胞中表达的检测 [J]. 畜牧与兽医，44（4）：9 - 13.

Laing N G，Dye D E，Wallgren - Pettersson C，et al. ，2009. Mutations and polymorphisms of the skeletal muscle alpha - actin gene（ACTA1）[J]. Hum Mutat，30（9）：1267 - 1277.

Ravenscroft G，Jackaman C，Bringans S，et al. ，2011. Mouse models of dominant ACTA1 disease recapitulate human disease and provide insight into therapies [J]. Brain，134（Pt 4）：1101 - 1115.

第四节　人胚肾细胞 HEK293 转鼠源基因 ACTA1 及 Western Blot 验证

一、实验目的

1. 理解 PEI 介导 DNA 转染细胞的原理；理解电击介导 DNA 转染细胞的原理；掌握哺乳细胞转染的实验操作。

2. 理解 Western Blot 的原理和应用，掌握 Western Blot 的实验操作。

二、实验原理

（1）聚乙烯亚胺（polyethylenimine，PEI），是阳离子聚合物，将 DNA 缩合成带正电荷的微粒，这些微粒可以黏合到带有负电荷的细胞表面残基，并通过胞吞作用进入细胞。一旦进入细胞，胺的质子化导致反离子大量涌入以及渗透势降低。上述变化导致的渗透膨胀使囊泡释放的聚合物与 DNA 形成的复合物进入细胞质。复合物拆解后，DNA 就能自由进入细胞核中。PEI 法实施便捷，成本低，常用于转染无细胞壁的贴壁细胞。

与 PEI 法比较，电击法的用途较广，受体细胞不受细胞壁和贴壁情况影响。转染前将受体细胞悬浮于含有待转化 DNA 的溶液中，在盛有上述悬浮液的电击池两端施加短暂的脉冲电场，使细胞膜产生细小的孔洞并增加其通透性，此时外源 DNA 片段便能直接进入细胞核。

（2）基因工程生物制备成功的标准是：外源基因成功在受体细胞/生物内表达。本系列实验的目的基因是鼠源 *ACTA1*，需要通过 Western Blot 实验来验证该基因在人胚肾细胞 HEK293 内成功表达了蛋白质。

Western Blot 实验的基本原理：将细胞裂解，提取并使其中的蛋白质变性，裂解液中的 SDS 使蛋白质成为带负电的线性分子，然后利用聚丙烯酰胺凝胶的分子筛作用，在电场下以分子质量大小区分蛋白质，然后将分开的蛋白质条带印迹到 PVDF 膜上，利用携带标记物的特异抗体与目的蛋白质结合的结果，判断外源基因是否在受体细胞内成功表达。

三、实验课时安排

本实验包括：①动物细胞的转染实验（6 学时）；②Western Blot 实验（6 学时）。共安排 4 次实验，合计 12 学时。

四、实验材料及试剂

1. 实验材料

人胚肾细胞 HEK293、质粒 pIRES。

2. 试剂

HEK293 细胞培养基（DMEM 高糖培养基、10%胎牛血清、青霉素 100 U/mL、链霉素 0.1 mg/mL）、0.25%胰蛋白酶、电转液 [Solution I（2 g ATP -diSodium Salt、1.2 g $MgCl_2$ - $6H_2O$、10 mL ddH_2O，过滤除菌，分装至无菌离心管，每管 80 μL，-20 ℃保存）、Solution II（6 g KH_2PO_4、0.6 g $NaHCO_3$、0.2 g 葡萄糖、300 mL ddH_2O，用 NaOH 调 pH 至 7.4，用 ddH_2O 配溶液至 500 mL，过滤除菌，分装至无菌离心管，每管 4 mL，-20 ℃保存），使用前将分装电转液室温溶解，一管 Solution I 和一管 Solution II 混合，放冰上预冷]、SDS 蛋白质提取试剂、蛋白酶抑制剂 Cocktail、BCA 蛋白质定量试剂盒、蛋白质上样缓冲液、蛋白质电泳 Marker、EZ - ECL 辣根过氧化物酶化学发光试剂盒、30%丙烯酰胺-甲双叉丙烯酰胺（29∶1）、Tris - HCl（pH 8.8）、Tris - HCl（pH 6.8）、1% APS、10% SDS、TEMED、兔抗鼠 ACTA1 抗体（Sigma）、鼠抗人 GAPDH 抗体（Millipore）、辣根过氧化物酶联羊抗鼠抗体和羊抗兔抗体（Santa Cruz）、5×电泳缓冲液（15.1 g Tris、94 g 甘氨酸、5 g SDS，加 ddH_2O 定容至 1 L，用前稀释 5 倍）、转膜缓冲液（48 mmol/L Tris、39 mmol/L 甘氨酸、0.04% SDS、20% 甲醇）、TBST（2.423 g Tris-HCl、8.006 g NaCl、1 mL Tween-20，用 ddH_2O 定容至 1 L）、脱脂奶粉等。

五、实验仪器设备

1. 实验用具

各级量程的微量加样枪、各级量程的枪头、加样板、冰盒、15 mL 和 1.5 mL 离心管、0.22 μm 过滤器电转杯、无菌滴管、比色皿、PVDF 膜（0.45 μm）、细胞刮刀等。

2. 仪器设备

离心机、低温离心机、细胞培养箱、超净工作台、电击转染仪、干/水浴锅、分光光度计、垂直电泳仪、稳压器、转膜仪、摇床、荧光显微镜、分子成像仪 FX、细胞培养皿等。

六、实验操作步骤

（一）动物细胞的转染

1. PEI 介导 DNA 转染细胞

（1）实验前一天，将 HEK293 细胞用胰酶消化后，计数，并铺至 35 mm 培养皿中，其中 1×10^5 个细胞/皿（50% 覆盖率），2 mL 细胞培养基/皿。

（2）实验前准备转染液：10 μL PEI（1 mg/mL）+250 μL DMEM，轻轻吹打混匀。

（3）在转染液中加入 1～2 μg 质粒，温和吹打混匀，室温孵育 15～30 min，使质粒与 PEI 组装。

（4）将混合液滴入细胞培养板中，一边滴，一边轻轻摇匀，使转染液在细胞培养液中均匀分布。

（5）将细胞放回培养箱内培养 24～72 h，用荧光显微镜检查细胞内 GFP 的表达情况，以判断转染效率。

2. 电击介导 DNA 转染细胞

（1）培养细胞至覆盖率 50%～75%，用胰蛋白酶消化并用血清将胰蛋白酶灭活，4 ℃，5 000 r/min，离心 5 min，弃去上清液，收获细胞。

（2）用冰浴后的电转液（Solution Ⅰ＋Ⅱ）重悬细胞，密度是 $1\times10^7\sim$ 8×10^7 个细胞/mL。

（3）在每个电转杯（图 4－4）中加入 0.5 mL 细胞悬浮液，并置于冰上。

（4）加入欲转染 DNA 1～20 μg，手指轻弹混匀，冰上放置 5 min。

（5）将电转杯置于电击转染仪（图 4－4）内，在优选的条件下电击一次或多次。

注意：电压、电容及电击次数因细胞不同而异，应进行优选。一般电压为 250～750 V/cm，电容为 25 μF，脉冲时间为 20～100 ms。

（6）将电转杯置于冰上 10 min。

（7）用 10 mL 培养基稀释转染细胞，并淋洗电穿孔杯以将所有转染细胞转移至培养皿，24～72 h 内检测细胞表达 GFP 的情况，以判断转染效率。

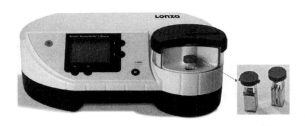

图 4－4　电击转染仪和电转杯

3. 转化效率的计算

（1）用荧光显微镜拍摄同一视野下的细胞明场照片和绿色荧光照片，计数总细胞数和荧光细胞数，转化效率＝荧光细胞数/总细胞数×100％。

（2）用荧光显微镜拍摄同一视野下的细胞明场照片和绿色荧光照片，用软件 Image J 测量细胞覆盖面积及荧光细胞面积，转化效率＝荧光细胞面积/所有细胞覆盖面积×100％。

（3）以上两种转化率计算方法，任选其一。

4. 提取细胞内蛋白质

（1）细胞转染后 48～72 h，弃细胞培养液，加入 100 μL 细胞裂解液（细胞裂解液＋蛋白酶抑制剂 Cocktail），摇晃培养皿，使裂解液能尽量铺展在细胞皿底部，然后用细胞刮刀把裂解的细胞刮到一起，将细胞裂解的混合物转移至离心管中。

（2）4 ℃，13 000 r/min，离心 15 min，将上清蛋白溶液转移至新的离心管中。

（3）用 BCA 蛋白质定量试剂盒检测蛋白质浓度。

（4）加入上样缓冲液，100 ℃煮 10 min 使蛋白质变性，然后放入冰盒速冻，防止蛋白质复性。

5. 蛋白质电泳

（1）根据蛋白质的分子质量（目的蛋白 ACTA1 为 42 ku，内参蛋白 GAPDH 为 36 ku），配制分离胶（10%）和浓缩胶（5%），配方参考附表 4-1 和附表 4-2。

（2）将聚丙烯酰胺凝胶放置电泳槽中，加入适量电泳液，并上样 10 μg 及蛋白电泳 Marker。

（3）先进行 80 V 电泳，当样品到达浓缩胶和分离胶的分界时，换成 100 V 电泳，至上样缓冲液的色素带接近胶底部时，停止电泳。

6. 转膜

（1）将完成电泳的凝胶取下，泡入转膜液中；并切一块与凝胶一样大小的 PVDF 膜，将膜泡入甲醇内预处理 1 min，然后泡入转膜液中待用。

（2）将预处理后的凝胶与 PVDF 膜用转膜夹夹紧，放入转膜槽内，倒满转膜液。

（3）将转膜槽放入层析柜内进行转膜，恒定电流 250 mA，转膜 90 min。

（二）Western Blot

（1）将转入蛋白质（通过预染的蛋白质 Marker 判断）的 PVDF 膜取出，用 TBST 清洗 3 次，每次 5 min，然后泡入封闭液（在 TBST 内溶解 5% 脱脂奶粉），摇床上轻摇，室温孵育 1 h。

（2）封闭完成后，将 PVDF 膜泡入一抗孵育液中（封闭液中加入 0.1% 一抗），4 ℃，轻摇孵育过夜。

（3）一抗孵育后，用 TBST 清洗 PVDF 膜 3 次，每次 5 min。

（4）将 PVDF 膜泡入二抗孵育液中（封闭液中加入 0.05% 二抗），室温孵育 1 h。

（5）二抗孵育后，用 TBST 清洗 PVDF 膜 3 次，每次 5 min。

（6）在分子成像仪载物台上平铺 PVDF 膜，在膜上目的蛋白条带位置添加足量 ECL 显色液，覆盖条带及其附近区域，设置分子成像仪扫描时间及拍照次数，检测 *ACTA1* 的表达。

本次实验至少有两个样本：转染 pIRES-ACTA1 细胞（实验组）和没有转染的细胞（对照组）。要观察两个指标：外源表达 ACTA1（42 ku）和内参 GAPDH（36 ku）。如果鼠源 *ACTA1* 在 HEK293 细胞内已成功表达，两个样本在 GAPDH 浓度相当的情况下，实验组 ACTA1 浓度要明显高于对照组；反之，则说明 ACTA1 没有成功表达。

七、预期实验结果

细胞转染 pIRES‐ACTA1 24～72 h，用荧光显微镜观察，能观察到成功转染的细胞表达质粒载体上的筛选标记 GFP（图 4‐5），说明转染方法可行。

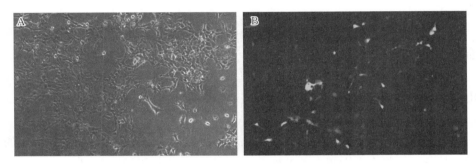

图 4‐5　转染成功的 HEK293 细胞表达绿色荧光蛋白（GFP）

A. 明场视野下的细胞　B. 荧光视野下的细胞

要确定质粒载体内 *ACTA1* 表达，需要进行 Western Blot 实验。以 GAPDH 为内参，成功转染 pIRES‐ACTA1 的细胞表达 ACTA1 蛋白将明显比未转染 pIRES‐ACTA1 的对照细胞高，即 Western Blot 检测到 36 ku 蛋白质条带（GAPDH）浓度相似的情况下，实验组 42 ku 蛋白质条带（ACTA1）明显比对照组浓（图 4‐6）；反之，则说明质粒载体内调控 *ACTA1* 表达的顺式作用元件（如启动子）可能发生突变，或者不适用于表达细胞，使得外源基因不能成功表达。

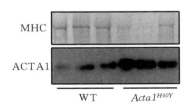

图 4‐6　以 MHC 为内参，利用 Western Blot 验证转基因鼠（*Acta1* ^{H40Y}）

骨骼肌过表达 ACTA1（Ravenscroft G et al.，2013）

! 注意事项

1. 除了以上两种制作转基因哺乳动物细胞的方法，还有脂质体介导法、

显微注射法、病毒载体介导法、纳米材料介导法等。研究工作中，应查阅文献后，根据受体细胞和转染 DNA 的情况，以及实验条件选择更高效和更便捷的实验方法。

2. 无论 PEI 法还是电击转染法，所用试剂和电击等操作过程，对细胞均有一定损伤，不同受体细胞对它们的耐受程度不同。实验前，应先进行预实验，摸索对受体细胞损害小且转化效率高的剂量，以达到最好的转染效果。

3. 蛋白质电泳过程中，要根据目的蛋白质分子质量来选择分离胶的浓度、电泳的电压和时间、PVDF 膜的孔径、转膜的电流和时间。

4. 抗体孵育时，要依据抗体说明书来选择合适的浓度。

5. 本实验研究的 ACTA1 蛋白，在 HEK293 细胞内有内源性表达，而所用一抗也可识别人源 ACTA1，所以结果中对照组也会有明显的条带出现，但是所用质粒 pIRES 能在哺乳动物细胞内高表达目的蛋白质，所以实验组展示的是内源表达和外源表达的和，相应条带浓度会明显高于对照组。

? 思考题

1. 如果实验所用受体细胞是悬浮生长的白血病细胞，你将会选择 PEI 法还是电击法来进行转染实验？为什么？

2. 在转染质粒序列已确定的情况下，如果转染后目的蛋白质没有明显表达，可能的原因有哪些？

参考文献

de Los Milagros Bassani Molinas M，Beer C，Hesse F，et al.，2014. Optimizing the transient transfection process of HEK - 293suspension cells for protein production by nucleotide ratio monitoring [J]. Cytotechnology，66（3）：493 - 514.

Distler J H，Jüngel A，Kurowska - Stolarska M，et al.，2005. Nucleofection：a new，highly efficient transfection method for primary human keratinocytes [J]. Exp Dermatol，14（4）：315 - 320.

Longo P A，Kavran J M，Kim M S，et al.，2013. Transient mammalian cell transfection with polyethylenimine（PEI）[J]. Methods Enzymol，529：227 - 240.

Ravenscroft G，McNamara E，Griffiths L M，et al.，2013. Cardiac α - actin over - expression therapy in dominant ACTA1disease [J]. Hum Mol Genet，22（19）：3987 - 3997.

附表 4 - 1　配制 Tris -甘氨酸 SDS - PAGE 聚丙烯酰胺凝胶电泳分离胶所用溶液

溶液成分	不同体积（mL）凝胶液中各成分所需体积（mL）							
	5	10	15	20	25	30	40	50
6%溶液成分								
水	2.6	5.3	7.9	10.6	13.2	15.9	21.2	26.5
30%丙烯酰胺溶液	1	2	3	4	5	6	8	10
1.5 mol/L Tris（pH 8.8）	1.3	2.5	3.8	5	6.3	7.5	10	12.5
10% SDS	0.05	0.1	0.15	0.2	0.25	0.3	0.4	0.5
10%过硫酸铵	0.05	0.1	0.15	0.2	0.25	0.3	0.4	0.5
TEMED	0.004	0.008	0.012	0.016	0.02	0.024	0.032	0.04
8%溶液成分								
水	2.3	4.6	6.9	9.3	11.5	13.9	18.5	23.2
30%丙烯酰胺溶液	1.3	2.7	4	5.3	6.7	8	10.7	13.3
1.5 mol/L Tris（pH 8.8）	1.3	2.5	3.8	5	6.3	7.5	10	12.5
10% SDS	0.05	0.1	0.15	0.2	0.25	0.3	0.4	0.5
10%过硫酸铵	0.05	0.1	0.15	0.2	0.25	0.3	0.4	0.5
TEMED	0.003	0.006	0.009	0.012	0.015	0.018	0.024	0.03
10%溶液成分								
水	1.9	4	5.9	7.9	9.9	11.9	15.9	19.8
30%丙烯酰胺溶液	1.7	3.3	5	6.7	8.3	10	13.3	16.7
1.5 mol/L Tris（pH 8.8）	1.3	2.5	3.8	5	6.3	7.5	10	12.5
10% SDS	0.05	0.1	0.15	0.2	0.25	0.3	0.4	0.5
10%过硫酸铵	0.05	0.1	0.15	0.2	0.25	0.3	0.4	0.5
TEMED	0.002	0.004	0.006	0.008	0.01	0.012	0.016	0.02
12%溶液成分								
水	1.6	3.3	4.9	6.6	8.2	9.9	13.2	16.5
30%丙烯酰胺溶液	2	4	6	8	10	12	16	20
1.5 mol/L Tris（pH 8.8）	1.3	2.5	3.8	5	6.3	7.5	10	12.5
10% SDS	0.05	0.1	0.15	0.2	0.25	0.3	0.4	0.5
10%过硫酸铵	0.05	0.1	0.15	0.2	0.25	0.3	0.4	0.5
TEMED	0.002	0.004	0.006	0.008	0.01	0.012	0.016	0.02
15%溶液成分								
水	1.1	2.3	3.4	4.6	5.7	6.9	9.2	11.5
30%丙烯酰胺溶液	2.5	5	7.5	10	12.5	15	20	25
1.5 mol/L Tris（pH 8.8）	1.3	2.5	3.8	5	6.3	7.5	10	12.5
10% SDS	0.05	0.1	0.15	0.2	0.25	0.3	0.4	0.5
10%过硫酸铵	0.05	0.1	0.15	0.2	0.25	0.3	0.4	0.5
TEMED	0.002	0.004	0.006	0.008	0.01	0.012	0.016	0.02

附表 4 - 2 配制 6% Tris -甘氨酸 SDS - PAGE 聚丙烯酰胺凝胶电泳 5%积层胶所用溶液

溶液成分	不同体积（mL）凝胶液中各成分所需体积（mL）							
	1	2	3	4	5	6	8	10
水	0.68	1.4	2.1	2.7	3.4	4.1	5.5	6.8
30%丙烯酰胺溶液	0.17	0.33	0.5	0.67	0.83	1	1.3	1.7
1.5 mol/L Tris（pH 8.8）	0.13	0.25	0.38	0.5	0.63	0.75	0	1.25
10% SDS	0.01	0.02	0.03	0.04	0.05	0.06	0.08	0.1
10%过硫酸铵	0.01	0.02	0.03	0.04	0.05	0.06	0.08	0.1
TEMED	0.001	0.002	0.003	0.004	0.005	0.006	0.008	0.01

第五章　斑马鱼功能基因的克隆和
转基因及其分析鉴定

第一节　斑马鱼 *laccl* 基因的克隆系列实验

一、实验目的

熟练掌握 RNA 提取技术，设计合适的引物，从斑马鱼总 RNA 中通过 RT - PCR 扩增出 *laccl* 基因。

二、实验原理

根据目的基因的序列，设计 PCR 引物，利用 RT - PCR 克隆目的基因，这是最快捷的方法。首先 RNA 在逆转录酶作用下逆转录为 cDNA 第一链：脱氧核苷酸引物与 mRNA 杂交，在 RNA 依赖的 DNA 聚合酶指导下合成互补的 cDNA 序列；然后在 DNA 聚合酶的作用下扩增目的基因，PCR 第一个循环由正义引物和 cDNA 第一链退火结合，在 DNA 依赖的 DNA 聚合酶指导下合成第二链，从 PCR 第二个循环起开始扩增目的基因片段。即 RT - PCR 是以 RNA 为起始材料经逆转录反应产生 cDNA，再以 cDNA 为模板进行 PCR 扩增，从而获取目的基因或检测基因表达的实验技术。

三、实验学时安排

本系列实验包括：①mRNA 的提取和分析（3 学时）；②RT - PCR 扩增和分析（3 学时）。共安排 2 次实验，合计 6 学时。

四、实验材料和试剂

1. 实验材料

野生型斑马鱼。

2. 试剂

Trizol、氯仿、异丙醇、75％乙醇、DEPC 水、RNase - free 水、西班牙琼脂糖、5×RT Buffer、RNase 抑制剂（20 U/μL）、10 mmol/L dNTP Mix、

M‑MLV 逆转录酶（200 U/μL）、2×PCR Master Mix、Gel‑Green（北京索莱宝科技有限公司）、DNA Marker DL5000（Takara）等。

五、实验仪器设备

1. 实验用具

微量移液器、微量移液管、研磨器、研磨棒、1.5 mL 离心管、冰盒、PCR 管等。

2. 仪器设备

干/水浴锅、振荡器、离心机、Nanodrop 分光光度计、PCR 仪、水平电泳仪、稳压器、凝胶扫描仪等。

六、实验操作步骤

（一）mRNA 的提取和分析

1. RNA 的分离：Trizol 法抽提斑马鱼总 RNA

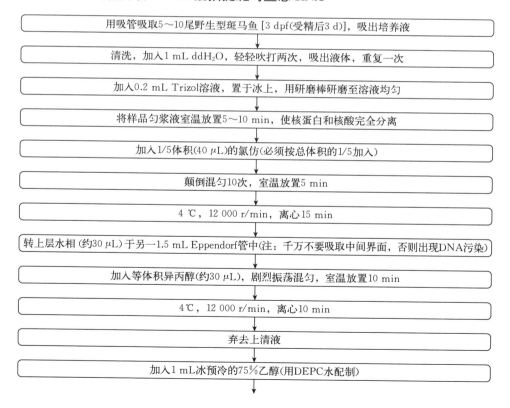

用吸管吸取5～10尾野生型斑马鱼 [3 dpf(受精后3 d)]，吸出培养液

清洗，加入1 mL ddH₂O，轻轻吹打两次，吸出液体，重复一次

加入0.2 mL Trizol溶液，置于冰上，用研磨棒研磨至溶液均匀

将样品匀浆液室温放置5～10 min，使核蛋白和核酸完全分离

加入1/5体积(40 μL)的氯仿(必须按总体积的1/5加入)

颠倒混匀10次，室温放置5 min

4 ℃，12 000 r/min，离心15 min

转上层水相(约30 μL)于另一1.5 mL Eppendorf管中(注：千万不要吸取中间界面，否则出现DNA污染)

加入等体积异丙醇(约30 μL)，剧烈振荡混匀，室温放置10 min

4℃，12 000 r/min，离心10 min

弃去上清液

加入1 mL冰预冷的75％乙醇(用DEPC水配制)

4℃，7 500 r/min，离心5 min

$\downarrow$

弃去上清液，空气干燥5～10 min(不能完全干燥)

$\downarrow$

溶于DEPC水中至20 μL(10～20 μL)(可在55～60℃水中，＜10 min助溶)

2. RNA 的分析和定量

(1) 测定样品在 260 nm 和 280 nm 处的吸收值，可以确定 RNA 的质量（OD_{260}/OD_{280} 为 1.8～2.0 视为 RNA 纯度很高），按 1 OD_{260}＝40 μg 计算 RNA 的产率。

(2) 进行甲醛变性琼脂糖凝胶电泳，可确定抽提 RNA 的完整性和 DNA 污染情况。

(二) RT - PCR 扩增和分析

1. RT - PCR 引物的设计

根据 GenBank（https://www.ncbi.nlm.nih.gov/gene/ 100 005 054）中有关 *lacc1* 基因的保守序列，设计并合成 RT - PCR 引物。

lacc1-F：ACCAGGGGCTGATTGTATGC。
lacc1-R：GGCTCGGATGACTCCATGTT。

2. 逆转录反应

(1) 在超净工作台中，取 DEPC 处理的 200 μL PCR 管置于冰上，依次加入总 RNA 1 μg（2 μL），随机引物或 Oligo（dT）$_{18}$（0.5 μg/μL）1 μL，RNase - free 水 9 μL，总体积 12 μL，混匀，用微量离心机 3 000 r/min 离心，30 s。

(2) 置于 PCR 仪中 70 ℃ 5 min 变性，取出置于冰上冷却。

(3) PCR 管置于冰上，依次加入 5×RT Buffer 4 μL，RNase 抑制剂（20 U/μL）1 μL，10 mmol/L dNTP Mix 2 μL，混匀，用微量离心机 3 000 r/min 离心，30 s。

(4) 置于 PCR 仪中 25 ℃ 5 min，取出置于冰上冷却。

(5) 加入 M - MLV 逆转录酶（200 U/μL）1 μL 至终体积 20 μL。

(6) 置于 PCR 仪中按以下条件进行反应：25 ℃，10 min；42 ℃，60 min；70 ℃，10 min。结束后立即置于冰上冷却，产物 cDNA 即用于 PCR 或置－20 ℃ 冰箱保存。

3. PCR 反应

(1) 取 PCR 管依次加入表 5 - 1 中的试剂。

表 5-1 PCR 反应体系

成 分	体积（μL）
2×PCR Master Mix	10
cDNA	1
上游引物（*lacc1*-F）	1
下游引物（*lacc1*-R）	1
灭菌去离子水	7
总体积	20

用微量离心机 3 000 r/min 离心，30 s 混匀。

（2）按以下条件进行 PCR 反应。94 ℃ 5 min 预变性；94 ℃ 30 s 变性，55～60 ℃ 45 s 退火，72 ℃ 45 s 延伸，共 30～35 个循环；72 ℃ 5 min 终延伸。

4. 琼脂糖凝胶电泳

取扩增产物 15 μL 加入 6×上样缓冲液 3 μL，同时用相应的 5～8 μL 5 000 bp Ladder DNA Marker，1.2% 琼脂糖凝胶进行电泳，电压 90～120 V，30～60 min。于紫外透视仪下观察有无特异性扩增条带，并照相记录。

七、预期实验结果

提取的正确的 RNA 见图 5-1，RT-PCR 结果见图 5-2。

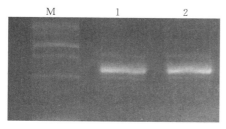

图 5-1 提取的正确的 RNA

M. 5 000 bp Ladder DNA Marker

1、2. 提取的总 RNA

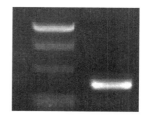

图 5-2 RT-PCR 结果

（左为 5 000 bp Ladder DNA Marker；

右为 RT-PCR 扩增出的产物）

> ! 注意事项

1. RNA 纯度不理想

原因：样品量太多，污染有机物和中间相。

解决方法：降低样品用量或提高试剂用量，小心操作。

2. RNA 中出现 DNA 污染

原因：DNA 未能完全进入有机相。

解决方法：降低样品用量或提高试剂用量，如果已经存在 DNA 污染，可以采用非酶 DNA 清除剂 A（RT71312）或非酶 DNA 清除剂 B（RT81912）去除，或者无 RNase 的 DNase Ⅰ处理。

3. RNA 降解

原因：RNase 污染或样品保存不当。

解决方法：所用组织或细胞应该是新鲜的，如果没有及时被液氮冻存，会导致组织或细胞中的 RNA 完全或部分降解。建议使用组织 RNA 常温保存液（RT4171），以及细菌 RNA Locker（RT91712）等保存未能够及时提取的细胞或组织。提取的 RNA 溶液保存于－70 ℃。

4. *Taq* 酶、M－MLV、Rnasin 等于－20 ℃保存，操作时置于冰上，dNTP 等试剂尽量避免反复冻融。

? 思考题

1. 正确提取的 RNA 进行电泳，电泳图谱有什么特征？
2. 如果 RT－PCR 最后结果没有扩增出任何条带，试分析其中的原因。

参考文献

Chuan－Ching Lan, Rongying Tang, Ivone Un San Leong, et al., 2009. Quantitative real－time RT－PCR（qRT－PCR）of zebrafish transcripts：optimization of RNA extraction, quality control considerations, and data analysis ［J］. Cold Spring Harb Protoc（9）：pdb. prot5314.

Rio D C, Ares M J, Hannon G J, et al., 2010. Purification of RNA using TRIzol（TRI. reagent）［J］. Cold Spring Harb Protoc（6）：pdb. prot5439.

第二节　MO 对 *zmiz1a* 基因表达下调的作用分析系列实验

一、实验目的

掌握显微注射的方法，熟练掌握 RNA 提取技术和反转录，完成 RT－

qPCR 实验上机和数据分析。

二、实验原理

MO（morpholino，吗啉环）技术是目前在模式动物斑马鱼中应用最广泛的基因敲降技术，具有操作简单、见效快的优点。其基本原理是把核苷酸上的五碳糖用吗啉环取代，并对原有的磷酸基团做一定的改变。改变后的核苷酸分子类似物一方面能够通过碱基互补配对的方式与单链结合，另一方面由于结构的变化而不带有任何电荷，不被任何酶识别，从而保证很强的稳定性。目前，针对斑马鱼基因设计的 MO 通常有两种，一种是特异性阻断 mRNA 翻译的 ATG MO，另一种是阻断 RNA 的正常剪切的 splice MO。MO 技术，可用于研究转基因斑马鱼 *zmiz1a* 基因表达下调的作用。

三、实验课时安排

本系列实验包括：①斑马鱼胚胎显微注射（3 学时）；②mRNA 的提取和反转录（3 学时）；③RT - qPCR 扩增和分析（6 学时）。共安排 5 次实验，合计 15 学时。

四、实验材料和试剂

1. 实验材料
野生型斑马鱼。

2. 试剂
品红、Trizol、氯仿、异丙醇、75％乙醇、DEPC 水、西班牙琼脂糖、5× RT Buffer、RNase 抑制剂（20 U/μL）、10 mmol/L dNTP Mix、M - MLV 逆转录酶（200 U/μL）、TB Green 染料法定量试剂盒（Takara）、5 000 bp Ladder DNA Marker、Gel - Green（北京索莱宝科技有限公司）、DNA Marker DL5000（Takara）。

五、实验用具与仪器设备

1. 实验用具
硼硅酸盐玻璃毛细管（Warner Instruments）、上样针（Eppendorf）、微量移液器、微量移液管、研磨器、研磨棒、1.5 mL 离心管、冰盒、PCR 管等。

2. 仪器设备
显微注射系统（Warner，PLI - 100A）、体式显微镜（Nikon，smz1500）、

玻璃拉针器毛细管拉制仪（Sutter，P1000）、干/水浴锅、振荡器、离心机、Nanodrop 分光光度计、Bio - rad CFX96 Touch 荧光定量 PCR、水平电泳仪、稳压器、凝胶扫描仪。

六、实验操作步骤

（一）MO 及引物设计

利用 gene - tools 网站设计 *zmiz1a* 基因的 MO 位点。根据 GenBank 中有关 *zmiz1a* 基因的保守序列，设计并合成引物。

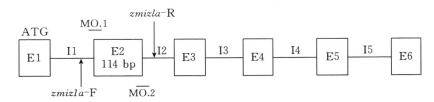

MO.1: GTGCTGTTCAAAGAGAAGAACATCA。

MO.2: AGCTGCTGTCTTACCGTCAAACATC。

zmiz1a-F：AGATGCACCGAGTCAAAGGG。

zmiz1a-R：AACAAGAGCAGTCGTCCCAG。

（二）斑马鱼胚胎显微注射

（1）拉针。使用的拉针仪器为玻璃拉针器毛细管拉制仪（Sutter，P1000），设置参数（HEAT＝558，PMLL＝70，VEL＝80，TIME＝150），将玻璃毛细管放置卡槽中，水平穿过加热部，固定。

（2）配制注射液。在试验台配制注射液，用上样针将注射液加到注射针中。注射液配制体系（根据实际注射浓度需要配制）如表 5 - 2 所示。

表 5 - 2　注射液体系

成分	体积（μL）
MO.1	0.5
MO.2	0.5
品红	1
总体积	2

（3）显微注射。根据实验要求选择斑马鱼胚胎注射的时期和注射的部位。本实验为研究 *zmiz1a* 基因表达下调的作用，因此选择在斑马鱼 1 hpf（受精后

1 h）内完成注射，注射位置为卵黄（图 5-3）。使用显微注射系统（Warner，PLI-100A）(图 5-4)，将配制好的注射液注射进斑马鱼胚胎中。

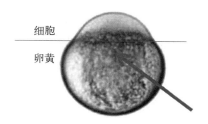

图 5-3　注射的位置

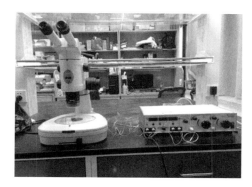

图 5-4　斑马鱼显微注射系统

（三）mRNA 的提取和逆转录

1. 斑马鱼胚胎总 RNA 提取

使用 Trizol 法抽提斑马鱼总 RNA，同本章第一节。提取后测定浓度。

2. 逆转录制备 cDNA

同本章第一节。

（四）RT-qPCR 扩增和分析

1. RT-qPCR 反应

（1）配制 RT-qPCR 反应的体系（表 5-3）。

表 5-3　RT-qPCR 反应体系

成　　分	体积（μL）
TB Green	10
cDNA	1
上游引物（zmizla-F）	1
下游引物（zmizla-R）	1
灭菌去离子水	7
总体积	20

用微量离心机 3 000 r/min 离心，30 s 混匀。

（2）按以下条件进行 Bio-rad CFX96 Touch 荧光定量 PCR（图 5-5、图 5-6）。

第一步：95 ℃ 30 s 预变性。

第二步：95 ℃ 5 s 变性，60 ℃ 10 s 退火和延伸，共 40 个循环。

图 5 - 5 Bio - rad CFX96 Touch
荧光定量 PCR 仪

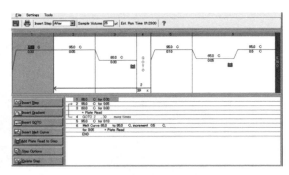

图 5 - 6 荧光定量 PCR 仪设置界面

2. 数据分析

采用 ΔΔCt 分析法。

第一步：内参基因均一化样本差异。

$$\Delta Ct = Ct_{目的基因} - Ct_{内参基因}$$

第二步：实验组与对照组比较。

$$\Delta\Delta Ct = \Delta Ct_{实验组} - \Delta Ct_{对照组}$$

第三步：使用公式计算倍数。

$$倍数变化 = 2^{-\Delta\Delta Ct}$$

使用 Prism、Excel 等软件作图。

七、预期实验结果

基因 *cela1.2*、*prss 59.1*、*zgc*：*92590* 和 *amy2a* 的 Ct 比值都小于 1，说明注射吗啉环下调 *zmiz1a* 基因会抑制 *cela1.2*、*prss 59.1*、*zgc*：*92590* 和 *amy2a* 基因表达（图 5 - 7）。

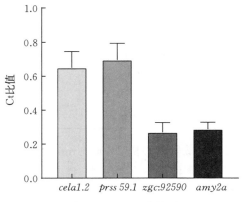

图 5 - 7 Ct 比值结果

⃠ **注意事项**

1. 防止 RNA 降解，需要在冰上研磨，研磨组织需要充分。

2. 制备 cDNA 时，需要保证实验

操作环境干净，防止环境中的 RNA 酶影响样品。

思考题

1. 荧光定量 PCR 有几种方法？各有什么特点？

2. MO 怎么调控基因表达？与 CRISPR/Cas9 系统相比有什么不同？MO 有哪些优势？

3. 进行实时荧光定量 PCR 分析时常用的内参基因有哪些？作用是什么？

4. 设计用于实时荧光定量 PCR 的引物一般有什么要求？

参考文献

Livak K J, Schmittgen T D, 2001. Analysis of relative gene expression data using real - time quantitative PCR and the 2 (- Delta Delta C (T)) method [J]. methods, 25 (4): 402 - 408.

Rio D C, Ares M J, Hannon G J, et al., 2010. Purification of RNA using TRIzol (TRI. reagent) [J]. Cold Spring Harb Protoc (6): pdb. prot5439.

第三节 斑马鱼 lrrk2WD40⁻/⁻突变基因型鉴定系列实验

一、实验目的

熟练掌握斑马鱼基因组 DNA 提取技术和利用 *Bsr* Ⅰ 酶切鉴定转基因突变鱼。

二、实验原理

lrrk2WD40⁻/⁻突变基因型斑马鱼缺失 5 个碱基（CTGGG），*Bsr* Ⅰ 酶识别位点被破坏，因此，可以利用 *Bsr* Ⅰ 酶切鉴定转基因突变鱼（图 5 - 8、图 5 - 9）。

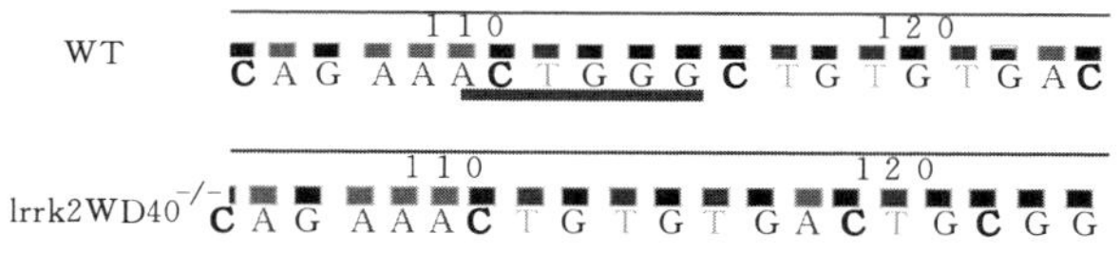

图 5 - 8 斑马鱼序列对比示意

5′…A C T G G N▼…3′
3′…T G A C▲C N …5′

图 5 - 9 *Bsr* Ⅰ 酶识别位点

三、实验课时安排

本系列实验包括：①斑马鱼基因组 DNA 提取（3 学时）；②*Bsr* Ⅰ酶切鉴定（3 学时）。共安排 2 次实验，合计 6 学时。

四、实验材料和试剂

1. 实验材料

斑马鱼。

2. 试剂

50 mol/L NaOH、1 mol/L Tris（pH 8.0）、TE、ddH$_2$O、*Bsr* Ⅰ酶、10×NEB Buffer、琼脂糖（西班牙产）、DNA Marker DL5000（Takara）等。

五、实验用具与仪器设备

1. 实验用具

手术剪刀、尖头镊子、微量移液器、微量移液管、研磨器、研磨棒、1.5 mL 离心管、冰盒、PCR 管等。

2. 仪器设备

干/水浴锅、振荡器、离心机、Bio‐rad PCR 仪、水平电泳仪、稳压器、凝胶扫描仪等。

六、实验操作步骤

（一）斑马鱼基因组 DNA 提取

用 NaOH 法提取 DNA。

（1）将斑马鱼的尾巴用剪刀剪一小块，放入干净的 EP 管底部。

（2）加入 20 μL 50 mmol/L NaOH。

（3）EP 管于 95 ℃加热 10 min，取出，涡旋。

（4）加入 2 μL 1 mol/L Tris（pH 8.0），涡旋；12 000 r/min，离心 5 min。

（5）加入 20 μL TE（pH 8.0），涡旋。进行后续 PCR 反应，或 4 ℃保存。

（二）*Bsr* Ⅰ酶切鉴定

1. PCR 反应

（1）取 PCR 管依次加入表 5‐4 中的成分。

表 5 - 4　PCR 反应体系

成　　分	体积（μL）
2×PCR Master Mix	10
DNA	1
上游引物（lrrk2 - F）	1
下游引物（lrrk2 - R）	1
ddH₂O	7
总体积	20

lrrk2-F：TGTTTCAGGTGTTTGATCGTC。

lrrk2-R：AAATGGGAGGAGCTACTCTATG。

（2）按以下条件进行 PCR 反应。94 ℃ 5 min 预变性；94 ℃ 30 s 变性，55～60 ℃ 45 s 退火，72 ℃ 45 s 延伸，共 30～35 个循环；72 ℃ 5 min 终延伸。

2. *Bsr* I **酶切反应**

取 PCR 管，依次加入表 5 - 5 中的成分。

表 5 - 5　*Brs* I 酶切反应体系

成　　分	体积（μL）
10×NEB Buffer	4
DNA（PCR 产物）	10
Bsr I 酶（10 U/μL）	0.5
ddH₂O	25.5
总体积	40

配制好体系后混匀，放入 65 ℃水浴过夜。

3. 琼脂糖凝胶电泳

取酶切产物 15 μL，加入 6×上样缓冲液 5 μL，同时用相应的 5～8 μL 5 000 bp Ladder DNA Marker，2%琼脂糖凝胶进行电泳，电压 200 V，20 min。

4. 紫外分析仪观察、数码照相

于凝胶扫描仪下观察有无特异性扩增条带，并照相记录。

七、预期实验结果（图 5 - 10）

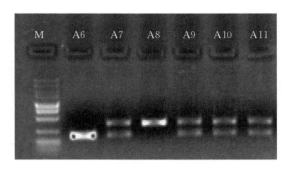

图 5 - 10　*Bsr*Ⅰ酶切结果

（A6 是野生型，A7、A9、A10 和 A11 是杂合子突变，
A8 是纯合突变。M：5 000 bp Ladder DNA Marker）

！注意事项

如果组织块较大，DNA 含量高，细胞裂解中加入异丙醇析出的 DNA 会呈现白色沉淀，实验过程中能看到，方便操作。如果组织较小，DNA 含量较低，异丙醇析出的 DNA 将不可见，之后移除上清液和加/去清洗液过程中，要尽量轻柔和小心，避免将试管底部的 DNA 吸走或倾倒。另外，制备的 DNA 可能有 RNA 污染。因为 RNA 不稳定，易被内源和外源的 RNA 酶降解，故实验中可不添加 RNA 酶。

？思考题

1. 除了 *Bsr*Ⅰ酶切，还有哪些方法可以鉴定突变基因型？
2. 纯化的 DNA 能否长时间储存在室温或者 4 ℃？

参考文献

赵长英，廖媛，杨洁珂，等，2020. db/db 小鼠基因型鉴定方法的比较研究［J］. 重庆医学，49（20）：3451 - 3455.

Wang T Y, Wang L, Zhang J H, et al., 2011. A simplified universal genomic DNA extraction protocol suitable for PCR［J］. Genetics and Molecular Research，10（1）：519 - 525.

第四节 斑马鱼行为轨迹跟踪系列实验

一、实验目的

了解和掌握利用行为学手段研究基因突变对斑马鱼的作用和操作方法。

二、实验原理

斑马鱼行为轨迹跟踪系统（DanioVision™）是一款用于斑马鱼和其他小型生物的高通量跟踪研究系统。该系统是一个完整的系统，由观察箱、温控模块和动物运动轨迹跟踪系统（EthoVision XT）构成。观察箱提供了可控的测试环境：多孔板有红外背光夹持器、高质量红外感应摄像机以及由 TTL 控制的可根据动物行为或时间自动操作的白色光源。箱内有足够的空间可放置其他配置，如彩色/白色 LED 顶灯、光遗传设备或用于其他定制选项的附加设备，以创建理想的实验条件。

根据研究，将斑马鱼幼体放在 48 孔或 96 孔板中，以便同时进行视频跟踪。通过视频跟踪测量斑马鱼幼体的移动速度、移动距离、迁移率以及角速度等，研究实验组与对照组斑马鱼之间的行为差异。

三、实验学时安排

本实验安排 1 次实验，3 学时。

四、实验材料和试剂

1. 实验材料

斑马鱼。

2. 试剂

E3 培养液。

五、实验仪器设备

48 孔或 96 孔板、胶头滴管、斑马鱼行为轨迹跟踪系统（DanioVision）等。

六、实验操作步骤

（1）用胶头吸管吸取斑马鱼幼体（5~6 dpf），置于 96 孔板中，一孔一尾幼体。

（2）用 E3 培养液配平溶液。

（3）打开观察箱水循环加热器和电脑开机。

（4）将 96 孔板放置于观察箱中，分别设置光强参数、光周期时间和所需实验时间，即开始实验，采集视频。

（5）设置分析时间和参数。

（6）导出数据。

七、预期实验结果

通过数据分析得到 *lacc1* 突变鱼的移动距离小于对照组（$p < 0.001$）(图 5-11 至图 5-13)。

图 5-11 斑马鱼行为轨迹
跟踪系统观察箱

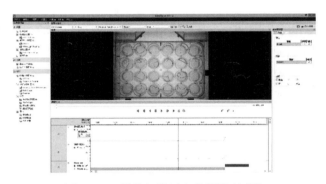

图 5-12 计算机设置和数据处理系统

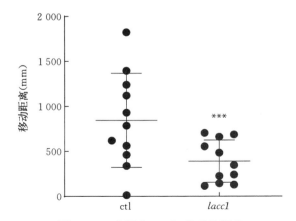

图 5-13 斑马鱼 5 min 移动的距离

! 注意事项

一个观察孔只能放置一尾鱼。

? 思考题

1. 斑马鱼有哪些生物习性？
2. 有哪些因素会影响斑马鱼行为学实验的均一性？

参考文献

Sheng Donglai，Qu Dianbo，Kwok Ken Hon Hung，2010. Deletion of the WD40 domain of LRRK2 in zebrafish causes parkinsonism – like loss of neurons and locomotive defect [J]. PLoS Genetics，6（4）：e1000914.

Winter M J，Redfern W S，2008. Validation of a larval zebrafish locomotor assay for assessing the seizure liability of early – stage development drugs [J]. Journal of Pharmacological and Toxicological Methods，57（3）：176 – 187.

Zhdanova I V，2006. Sleep in zebrafish [J]. Zebrafish，3（2）：215 – 226.

附录 实验室安全基本准则

1. 开始任何新的或更改过的实验操作前，需了解所有物理、化学、生物方面的潜在危险及相应的安全措施。尤其是使用某化学试剂前，应了解该试剂是否为有毒试剂。

2. 进入实验室工作前，须熟悉实验室及周围环境，明确灭火器材、电闸、紧急喷淋装置等设施的位置和操作程序，熟悉紧急应变措施和流程。

3. 进入实验室工作的人员应穿工作服，应把长发及宽松的衣服束起，切勿穿拖鞋、凉鞋或露趾鞋进入实验室，离开实验室须脱下工作服。

4. 进行可能发生危险的实验时，须根据实验情况穿戴合适的个人防护装备，如戴护目镜、面罩或防护手套等。

5. 实验中，不得随便离开岗位，要密切注意实验的进展情况。

6. 实验室内严禁吸烟、饮食、娱乐和睡觉等与实验操作无关的活动。

7. 所有盛载化学品的容器须标签清晰，分类储存。

8. 易燃、易爆、剧毒化学试剂和高压气瓶等，要严格按照有关规定领用、存放和保管。

9. 保持实验室整洁有序。每次实验后，需及时清理或处理废弃物。所有实验废弃物应弃置在相应的废物容器内，分类收集处置。

10. 严禁在实验室消防通道及安全出口处堆放物品，严禁堵塞安全通道。

11. 禁止在实验室内私拉乱拉电线，禁止在烘箱、电阻炉等加热设备或冰箱等散热设备附近堆放物品。经常检查长期通电作业的冰箱、烘箱等设备，及时清除隐患或报废到期设备。

12. 严格按照操作规程使用仪器设备，不熟悉的仪器经培训合格后方可使用。

13. 实验结束或离开实验室前，按规定采取结束或暂离实验措施，并关闭仪器设备、水、电、气和门窗等，尤其是关闭烘箱等设备。

14. 一旦发生火灾、爆炸、失窃及污染等安全事故时，应现场采取有效应急措施，并立即向有关部门和负责人求救和报告。

图书在版编目（CIP）数据

动植物基因工程实验指导 / 向太和等编著 . —北京：
中国农业出版社，2023.2（2024.6 重印）
ISBN 978 - 7 - 109 - 30369 - 0

Ⅰ.①动…　Ⅱ.①向…　Ⅲ.①动物－基因工程－实验
②植物－基因工程－实验　Ⅳ.①Q953－33②Q943.2－33

中国国家版本馆 CIP 数据核字（2023）第 017122 号

中国农业出版社出版

地址：北京市朝阳区麦子店街 18 号楼
邮编：100125
责任编辑：郭　科
版式设计：杨　婧　责任校对：吴丽婷
印刷：北京中兴印刷有限公司
版次：2023 年 2 月第 1 版
印次：2024 年 6 月北京第 2 次印刷
发行：新华书店北京发行所
开本：700mm×1000mm　1/16
印张：9.25　插页：2
字数：156 千字
定价：40.00 元

版权所有·侵权必究
凡购买本社图书，如有印装质量问题，我社负责调换。
服务电话：010 - 59195115　010 - 59194918

图 1-4　拟南芥无菌苗

图 1-10　拟南芥浸花法转基因

图 1-11　拟南芥 T_1 代成熟的种子

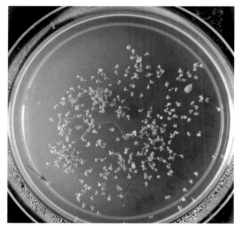

图 1-12　转基因 T_1 代阳性苗
（箭头所示即为抗性培养皿中的阳性苗）

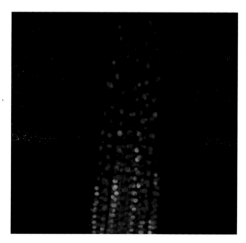

图 1-13　荧光显微镜下的 GFP 荧光信号

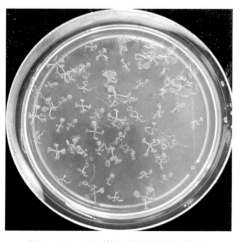

图 1-18　T_3 代纯合子植株的筛选

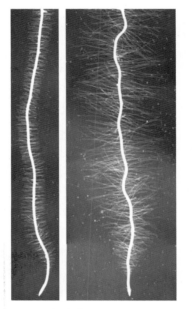

图 1-19 拟南芥 *35S∷AtRSL4∶GFP*
转基因植株的根毛表型
（左为野生型，右为转基因植株）

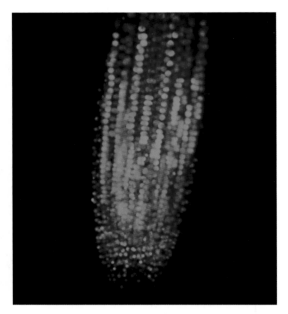

图 1-22 AtRSL4 蛋白的亚细胞定位

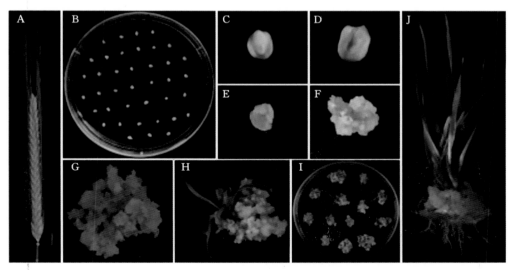

图 2-3 农杆菌介导的大麦未成熟胚的遗传转化过程
A. 大麦未成熟种子 B. 盾片 C. 幼胚 D. 去胚轴的幼胚
E. 培养 1 周的愈伤组织 F. 培养 3 周的愈伤组织
G、I. 愈伤组织再分化成苗 J. 大麦幼苗生根培养

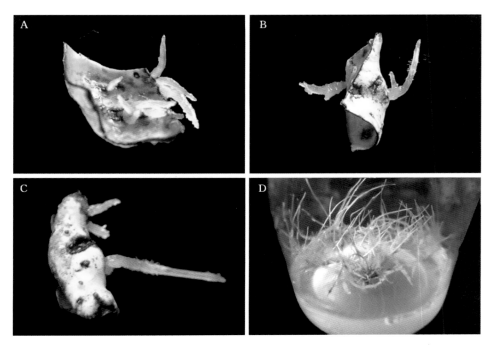

图 3-3　发根农杆菌 K599 侵染三叶青叶片诱导形成毛状根及毛状根的繁殖

A、B、C. 叶片诱导出的毛状根　D. 繁殖的毛状根

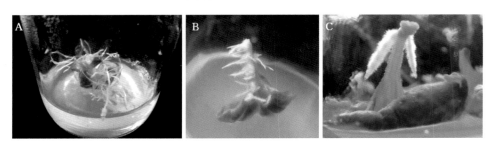

图 3-4　侵染不同植物外植体诱导毛状根

A. 黄瓜子叶　B. 矮牵牛叶片　C. 菊花叶片

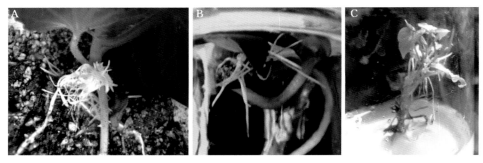

图 3-5　发根农杆菌 K599 直接侵染活体植株诱导毛状根

A. 盆钵中种植的黄瓜实生苗上胚轴诱导出毛状根　B. 大豆组培苗子叶诱导出毛状根

C. 温山药组培苗叶腋诱导出毛状根

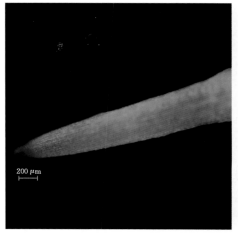

图 3-9　荧光显微观察转 *gfp*
　　　　基因的毛状根

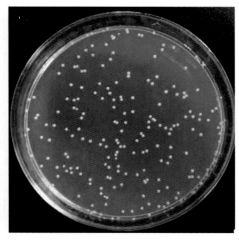

图 4-3　在 LB 固体培养基上生长的
　　　　细菌克隆

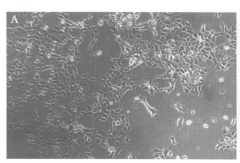

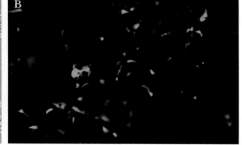

图 4-5　转染成功的 HEK293 细胞表达绿色荧光蛋白（GFP）
A. 明场视野下的细胞　　B. 荧光视野下的细胞